茶圣的绝学

陆子煎茶法

潘城　张芬◎编著

人民东方出版传媒
People's Oriental Publishing & Media
东方出版社
The Oriental Press

序

◎ 姚国坤

唐代陆羽《茶经》是世界上第一部茶叶专著，是中国茶文化的奠基之作，也是中国茶文化正式形成的标志，自问世后至今在国内外已有近百种版本。《茶经》分三卷十章，七千余字，将唐代及唐以前我国劳动人民有关茶业与茶文化的丰富经验，用客观忠实的科学态度，进行了全面系统的总结。

《茶经》值得研究、挖掘的方面很多，现代的茶学学科与茶文化学科的各项理论研究与课程体系，往往都逃不出《茶经》所开辟的方向。例如"一之源"一章论述茶的起源、性状、名称、功效以及茶与生态条件的关系，为论证茶起源于中国提供了历史资料。关于茶树的植物学特征，描写得形象而确切。在茶树栽培方面，陆羽特别注意土壤条件和嫩梢性状对茶叶品质的影响，这些结论至今已被科学分析所证实。陆羽在论述茶的功效时指出，茶的收敛性能使内脏出血凝结，在热渴、脑疼、目涩或百节不舒时，饮茶四五口，其消除疲劳的作用可抵得上醍醐甘露。《茶经·七之事》记录了古代关于茶的记载、人物与故事，并谈到了茶的药效。陆羽广泛搜集了中唐以前关于茶叶文化的历史资料，遍涉群书，博览广采，为后世留下了十分宝贵的茶文化历史遗产。其中记载了古代茶事四十七则，援引书目达四十五种，记载中唐以前的历史人物三十多人。把中国饮茶之历史远溯于原始社会，说明中国是发现和利用茶最早的国家。《茶经·八之出》中，陆羽把唐代茶叶产地分成八大茶区，对其茶叶品质进行了比较，在当时交通十分不便的情况下，作出这种调查研究的结论是很难得的。《茶经·九之略》讲采茶、制茶、饮茶的用具，在某些情况下，哪些可以省略，哪些是必备的。《茶经·十之图》指出要将《茶经》写在绢帛上并张挂座前，指导茶的产制与烹饮。

《茶圣的绝学——陆子煎茶法》一书以陆羽及其《茶经》为核心，独辟蹊径，将其中的"二之具""三之造""四之器""五之煮"与"六之饮"中关于唐代的制茶、用具、煎煮、品饮，梳理成为一套理论体系，殊为难得。

陆羽创导的煎茶法是中国乃至世界茶道、茶艺的典范。茶道起源于中国，早在三国时《广雅》中就记载有："荆巴间采茶作饼，成以米膏出之。若饮，先炙令色赤，捣末置瓷器中，以汤浇覆之，用葱、姜、橘子芼之。其饮醒酒，令人不眠。"这是唐代以前，关于饮茶较全面的记述。

到了唐代，由于饮茶风俗的形成与普及，中国茶道逐渐形成。陆羽就是在此基础上，进行了系统的总结与提高，在"二之具""三之造"两章中，他详细地记述了当时采制茶叶必备的各种工具，论述茶叶的采摘时间与方法、制茶方法及茶叶的种类和等级，把当时主要茶类——饼茶的采制分为七道工序，将饼茶的质量根据外形分为八等。"四之器"一章中，他列出了煮饮用的二十四器，提出了煎茶的具体方法步骤，兼谈全国主要瓷窑产品的优劣，特别是在"风炉"一节中，指出在风炉炉身上铸有"伊公羹，陆氏茶"六个字，通过煮茶法表明了自己的文化立场与文化自信。"五之煮"一章阐述了煮茶的方法以及水的品第。"六之饮"一章叙述饮茶的历史、茶的种类、饮茶风俗，提出了重点把握好九个方面，即制好茶、选好茶、配好器、选好燃料、用好水、烤好茶、碾好茶、煮好茶、饮好茶。

唐代封演在《封氏闻见记》中记述："楚人陆鸿渐为茶论，论茶之功效，并煎茶炙茶之法，造茶具二十四事，以都统笼贮之。远近倾慕，好事者家藏一幅。有常伯熊者，又因鸿渐之论广润色之，于是茶道大行。"这一论述非常明确地指出了陆羽的煮茶法在当时已有相当的社会影响力，以此为基础终于"茶道大行"！

因此，陆子煎茶法堪称中国茶道、茶艺的最早典范。

数十年来，中国一直走在茶文化复兴之路上，各种茶道、茶艺各美其美，美美与共。如宋代的点茶法在近十年中大行其道，成为大家追求美好生活的重要体现。但唐代的煎茶法却和大众仍有距离。

陕西法门寺出土唐代宫廷茶器后，我曾多次赴法门寺博物馆进行观摩、研讨，并撰写了相关论文。在许多学者、茶人的努力下，这套宫廷茶器得以复制，并在不同程度上得到了茶艺展示。但这只能代表唐代的宫廷茶礼，陆羽《茶经》中记载的煎茶法仍然没有复

茶圣的绝学——陆子煎茶法

兴。2008年,我在中国国际茶文化研究会与老同事、老朋友程启坤一起对《茶经》中的饼茶制作与煮茶法进行了复原的工作。但当年条件有限,我们没能将"二之具""四之器"中的种种器具一一复原,只能说是做了一次"复古"的尝试,也明白了这项工作的艰难与意义。

湖北天门古称竟陵,是茶圣陆羽的故乡,我在许多年前也曾到那里凭吊先贤,考察研讨。直到《茶圣的绝学——陆子煎茶法》这部书稿放到我的面前,我才详细地了解了天门茶人这么多年来对复兴陆羽茶文化所做的努力。他们竟然将唐代蒸青饼茶以及"二之具"和"四之器"中的所有器具,完整地复原出来,并投入生产与茶艺呈现。

正是在这个实践的基础上,学者潘城将"陆子煎茶法"提升到了理论高度,从而阐释了"茶圣的绝学"。

本书开篇的"茶经三体",从全新的理论出发,解读了《茶经》从"物质文化"到"精神高度"的研究新途径。全书围绕《茶经》展开,共分为七章,详细介绍了十八种茶具和二十四种茶器的复原及解读,深入探讨唐代蒸青饼茶复原的工艺。通过陆子煎茶规程图解,直观呈现煎茶流程,阐述陆子煎茶品饮艺术与茶道思想。作者结合田野调查、学术研究及自身感悟,展现了陆羽茶文化的丰富内涵,讲述了历代茶人传承茶文化的动人故事。这是一本兼具学术性与人文性的茶文化佳作。

本书具备较高的学术价值,内容全面系统,涵盖《茶经》中的茶具、茶品、煎茶工艺、茶道思想等各个方面,为茶文化研究提供了丰富且翔实的资料,是研究唐代茶文化以及陆子煎茶法的当代实践与普及不可多得的参考书。同时作者的研究深入而专业，对《茶经》版本、陆羽生平及茶道思想的探讨展现出深厚的学术功底。如对风炉铭文的解读，结合《周易》及历史背景，挖掘出陆羽的政治立场、人生理想与茶道观，具有较高的学术深度和创新性。

  本书深度挖掘了陆羽茶文化的内涵，从物质层面的茶具、茶品，到精神层面的茶道思想，全方位展现了唐代茶文化的独特魅力。本书通过对陆羽生平及《茶经》的解读，将茶文化与历史、哲学、文学等多学科融合，体现了中国传统文化的博大精深，使读者能更全面、深入地理解茶文化在中华文化中的重要地位。

  后记中作者还对陆羽及众多为传承陆羽茶文化而努力的茶人做了描述，饱含深情，体现出对文化传承者的敬意与关怀。无论是对陆羽研究的执着，还是为恢复陆羽遗迹付出的努力，都展现出作者对人文精神的重视，让读者感受到茶文化传承背后的温暖与力量。倡导陆羽"精行俭德"的茶道思想，对当代社会人们追求内心宁静、培养品德修养具有积极的引导作用。作者通过记录当代茶人对陆羽茶文化的传承与热爱，传递出对传统文化的尊重与坚守。

  是为序。

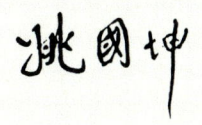

姚国坤

目录

绪　论　《茶经》三体 ·················· 001
　　一、以茶具（民具）为本体 ················ 005
　　二、以茶器（文人器）为载体 ·············· 009
　　三、以茶道（价值观）为主体 ·············· 013

第一章　茶具十八种 ···················· 017

第二章　唐代蒸青饼茶 ·················· 037

第三章　唐代饼茶复原及工艺 ············ 053

第四章　煎茶二十四器的复原与解读 ······ 069

　　第一节　煎茶二十四器 ················ 071
　　　　一、风炉（灰承） ···················· 071
　　　　二、筥 ······························ 081
　　　　三、炭挝 ···························· 083
　　　　四、火䇲 ···························· 084

五、𬭁 ··· 085

　　六、交床 ··· 088

　　七、夹 ··· 090

　　八、纸囊 ··· 091

　　九、碾（拂末） ·································· 093

　　十、罗合 ··· 096

　　十一、则 ··· 098

　　十二、水方 ··· 100

　　十三、漉水囊 ······································ 102

　　十四、瓢 ··· 105

　　十五、竹夹 ··· 107

　　十六、鹾簋（揭） ······························ 108

　　十七、熟盂 ··· 110

　　十八、碗 ··· 112

　　十九、畚 ··· 115

　　二十、札 ··· 117

　　二十一、涤方 ······································ 118

　　二十二、滓方 ······································ 119

　　二十三、巾 ··· 121

　　二十四、具列与都篮 ···························· 122

第二节　二十四器的解读 ························ 128

　　一、宫廷茶器与陆子茶器 ···················· 128

　　二、仪式感与松弛感 ···························· 133

第五章　陆子煎茶法规程图解 ……………………………… 137

第一节　陆子煎茶法的规程 …………………………… 141

第二节　陆子煎茶法图解 ……………………………… 145

　　一、炙茶　148

　　二、碾末　149

　　三、择水　150

　　四、煮茶　153

　　五、分汤　154

第三节　烹、煮、煎 …………………………………… 154

第六章　陆子煎茶的品饮艺术 …………………………… 157

第一节　《茶经》六之饮释读 ………………………… 159

第二节　历代诗人咏陆子煎茶法 ……………………… 164

第七章　陆子的茶道 ……………………………………… 175

　　一、陆羽生平　177

　　二、大唐的茶道思想　186

　　三、陆氏鼎铭解说　192

后　记 …………………………………………………… 200

参考文献 ………………………………………………… 213

绪论

《茶经》三体

绪论 《茶经》三体

"陆子煎茶法"可以狭义地被理解为从陆羽《茶经》中延续下来的一项非物质文化遗产。然而当我们真正面对《茶经》中的这些古老茶法技艺的复原时,首先要面对的是一件件非常具体的器物。因此对《茶经》的研究,恐怕从陆羽本人写作时就已经形成了一个明显的从"物质"迈向"非物质"的学术路径。

基于对《茶经》的"物质—非物质"研究过程,其中的"二之具"和"四之器"两章是重要的物质研究对象,相对应的"三之造"、"五之煮"与"六之饮"三章则更应偏重非物质的技艺的研究。

"二之具"主要介绍采茶、制茶所用的工具"籯、灶、釜、甑、箄、叉、杵臼、规、承、檐、芘莉、棨、朴、焙、贯、棚、穿、育"十八种[①],详细说明制作饼茶所需各种工具的名称、材质、规格和使用方法等。"三之造"主要讲茶叶的种类和采制方法,详细说明了采茶的具体要求后,又逐一分析了制造饼茶所需要的蒸熟、捣碎、入模拍压成型、焙干、穿串、封藏共七道工序,并提出饼茶按外形和色泽等做出不同等级分类的依据。"四之器"主要论述风炉(灰承)、筥、炭挝、火筴、鍑、交床、夹、纸囊、碾(拂末)、罗合、则、水方、漉水囊、瓢、竹夹、鹾簋(揭)、熟盂、碗、畚、

---

① 本书《茶经》原文选用吴觉农主编《茶经述评(第二版)》中国农业出版社 2005 年,下同。该版本的"二之具""四之器"与朱自振主编《中国历代茶书汇编(校注本)》(商务印书馆 2007 年版)相比有几处不同:籯,后者为籯;檐,后者为檐;朴,后者为扑;具列,后者为列具。此外在句读上微有出入,存此备考。

茶圣的绝学——陆子煎茶法

札、涤方、滓方、巾、具列与都篮等煮茶和饮茶二十四器的材质、尺寸、功能和使用方法等。"五之煮"主要介绍煮茶的方法,品评各地水质宜茶情况的优劣,叙述茶汤调制,讲述烤茶的方法、煮茶的燃料,剖析泡茶用水和煮茶火候,观察煮沸之法对茶汤色香味的影响,阐述茶汤的精髓和韵味。"六之饮"叙述饮茶风尚的起源、传播和饮茶习俗,提出饮茶的注意事项和各种禁忌。

这五章基本构成了"陆子煎茶法"的面貌,而《茶经》的其余五章则在不同程度、不同方面对此加以补充,它们共同将饮茶这一行为从物质层面(器物)提升到技术层面、艺术层面,最后进入思想层面(茶道)。

相对于中国多年来如火如荼的"非遗化"运动的开展,"物质文化研究"显得比较落寞。其实过于强调文化遗产的"非物质"属性,不仅会割裂文化的"有形"和"无形",甚至还可能使人们对"非物质"的表述产生误解、误读——似乎只有"非物质",才是真文化。民俗学、文化人类学家周星先生认为这是对"非物质文化遗产"这一原本只是作为国家文化遗产行政的"工作概念"做出的过度阐释,并且将其本质化了。

"物质文化研究"是一个既古老又很有新意的学术领域。中国古代既有"博物志"记录的积累,也有"格物致知"的传统智慧,还有如赵明诚《金石录》直至俞樾、吴昌硕那样的朴学路径,但近代以来,"博物"和"格致"逐渐向"科学"缓慢地实现着知识体系的转化。

20世纪七八十年代以后,在西方学术界逐渐兴起了跨学科的"物质文化研究"(Material Culture Studies),试图将不同历史时期、不同学术领域关于"物"的研究积累予以梳理和体系化。正如"文化"的定义面临困扰,"物质文化"也有数百种之多的界说。

考古学将"物"定义为"人类一切遗留物或证据",人类学家定义为"文化的产物"。如果将这两个概念对应唐代煎茶器具的话,我们会发现一显一隐两个重要的方面——陕西法门寺地宫中出土的整套唐代宫廷金银茶器是考古学意义上的"人类关于唐代茶法的遗留物或证据",陆羽在《茶经》中记录的茶器具则是人类学意义上"文化的产物"。

然而当我们将《茶经》中的器物在现代社会中一一复原并投入使用后,这些"遗留物或证据""文化的产物"则重新具备了日常性,它们进入了全新的生活场域之中,成为形成新的生活世界的"物"。

因此,笔者试图形成《茶经》的"物质—非物质"研究路径:从具体的物到抽象的物,从实用功能的物到表达功能的物,从富于技术含量的物到富于象征意义的物。

沿着这一路径,笔者又将《茶经》中的"具"与"器"放在不同的物质研究层面进行考量,对"陆子煎茶法"形成了"三体"式的理论构建:以茶具(民具)为本体,以茶器(文人器)为载体,以茶道(价值观)为主体。

一、以茶具(民具)为本体

在《茶经》的"二之具"中陆羽总结或完善了一系列的制茶工具:籯、灶、釜、甑、箄、叉、杵臼、规、承、襜、芘莉、棨、朴、焙、贯、棚、穿、育,共计十八种。

这些朴素的制茶工具与传统农具十分相近，是以满足加工茶叶的功能性为前提，甚至是唯一目的的。不难发现，其中有很多至今仍可以在农村找到。《茶经》中的这些民具，应以民具学的视角加以研究。

民具学是一门通过民具研究普通老百姓的生活文化的学问。所谓民具，就是普通老百姓在日常生活中所制造和使用的用具、工具、器具等所有实物、器物的总称。民具学可以说是广义的民俗学的一部分，也不妨称之为民俗学的物质文化研究[①]。

民具学的起源以 1975 年日本民具学会的成立为标志，而较为系统的民具研究在日本可追溯至 1925 年涩泽敬三创立的"阁楼博物馆"（即现在神奈川大学历史民俗资料学研究科的前身）[②]。在日本学术界，存在着民俗学、民艺学和民具学三足鼎立的格局。介于柳田国男的民俗学和柳宗悦的民艺学之间，由涩泽敬三、宫本馨太郎、宫本常一等人提倡民具学。

民具学是文化人类学中物质文化研究的一部分，亦即探讨人与物的关系，通过实物、器物和广义的物去研究人们的生活方式和文化价值观。而民具学在现代中国学术研究中遭到忽视。如从这一学术角度观察，《茶经·二之具》的民具学意义就显得十分深远。

在中国学者的研究中，大多数情况下，探讨物在社会及文化中

---

① 钟敬文主编的《民俗学概论》（上海文艺出版社，1998 年 12 月）曾专列"物质生产民俗"和"物质生活民俗"两章，中国民俗学的物质文化研究也大多把器物分类为生产用具和生活用品两大类。

② 周星："日本民具研究的理论和方法"，周星主编：《民俗学的历史、理论与方法（上册）》，第 276-325 页，商务印书馆，2008 年 6 月。

的作用及其存在意义时，总体上还是以艺术品、工艺品或那些可以被用来讲故事的物为主的。因此，千百年来人们对《茶经》的研究与关注重点，往往在"四之器"而不自觉地忽略了"二之具"的民具学意义。相比之下，那些真正草根性的、由庶民默默使用着的民具，通常是很难真正引起学者们关注的。而陆羽早在唐代就在《茶经·二之具》当中给予了民具系统的观察与整合。

关于制茶民具的研究，继承陆羽对"二之具"研究的重要人物还有同为陆羽家乡人的皮日休，以及与皮日休相唱和的至交陆龟蒙。皮日休在民俗、民具这一领域内对陆羽的继承与发展尤为突出。然而，此后宋、元、明、清的大量茶书，都很少再关注民具。如《大观茶论》等，是为帝王将相制茶饮茶所编纂；再如《茶具图赞》等在一定程度上体现了文人对茶具的博物与雅玩之趣。

在茶文化的研究中，关于民具的研究脉络几乎未能延续，严重制约其进一步发展。直到当代，中国才出现了农业考古与农具史的学术研究。20世纪80年代，陈文华先生开创了这一领域研究的先河，并从中专门分支出了茶文化学的研究。其实，其中的农业生产工具研究已经与民具学有了相当部分的重合。中国农业考古和农具史的研究，通过把民族志/民俗志的相关资料和古代文献资料、图像资料以及考古发掘资料予以相互参照，使之彼此结合的研究方法，产出了很多重要的学术成就。如唐陆龟蒙《耒耜经》、元王祯《农书》中的农器图谱、明宋应星《天工开物》的图录、明徐光启《农政全书》的灌溉图谱、历代耕织图、墓葬壁画所描绘的农具、各地历代遗址出土的农具实物等。这一研究方法已经被运用到茶文化的研究中，但大多涉及茶的出土文物、实物、古代绘画、图录、墓葬壁画

茶圣的绝学——陆子煎茶法

等,且都在品饮茶器的范畴,很少涉及"二之具"中的茶叶生产民具。

生产民具是民具中的一个类别,而农具是生产民具的一个子系统,可以将它与牧具、渔具、猎具、织具、蚕具以及建筑民具、冶炼民具、酿造民具、烧窑民具等相并列。而茶具,特别是《茶经·二之具》中的民具则应分类于这一子系统当中。

运用中国民俗学研究中"事象本位"和"区域本位"的理论[1],亦即把茶具看作个别专题的物质文化研究,可以比较陆羽《茶经》中的茶具与普通农具的异同,甚至还可以与现代茶叶加工器具进行比较研究。这个研究的延展其实在清代陆廷灿的《续茶经》以及吴觉农主编的《茶经述评》当中就有一定的呈现。

此外还有关于社区本位的研究方式,它以社区为背景,部分地经由农具探讨乡土社会的农耕技术民俗的相关问题。基于此,可以研究"二之具"中这些器具源自哪个地域或社区,即探讨陆羽的茶叶"知识生产"来自哪个区域的田野调查。这甚至关系到《茶经》成书等历史问题。

总之,民具学在中国学术界缺位是一个基本事实。民具学构成了物质文化研究中最为基层和基础的部分,因此,它的缺位也使得中国现有的物质文化研究难有更加雄厚的底气。对以《茶经》为代表的中国茶文化学而言,其中关于民具的研究乃是对《茶经》整体研究的本体,故而,以茶具为本体。

---

[1] 周星:"中国民俗学研究的'区域本位'和'事象本位'","中国民俗学会成立20周年纪念大会"论文,2003年11月。

二、以茶器（文人器）为载体

除了考古学，中国物质文化研究的主流是已经蔚为大观的传统手工艺研究。一般而言，传统手工艺研究的对象可以代表中国传统工艺的最高水平，但其所产出的终究不是一般民众日常生活中可见的普通器物。这就进入了《茶经·四之器》的研究范畴。

在《茶经·四之器》中，陆羽精心设计了适于烹茶、品饮的二十四器，即风炉、筥、炭挝、火䇲、鍑、交床、夹、纸囊、碾与拂末、罗合、则、水方、漉水囊、瓢、竹夹、鹾簋及揭、熟盂、碗、畚、札、涤方、滓方、巾、具列与都篮。

这些精雅之器虽然有不少也是从民具中来，有些似乎也可以归入民艺范畴，但因为陆羽的文人、隐士身份，以及他赋予了这些茶器强烈的文人审美气质，"四之器"成为经典的文人煎茶用器。

从传统手工艺的角度来看，二十四器当中恐怕有不少出自陆羽的亲手制作，至少也是由他设计、监工而成。传统手工艺在中国历代茶器当中的应用不但可以从陆羽《茶经》中看到源流，甚至可以追溯至更古老的西晋杜育的《荈赋》："器择陶简，出自东瓯；酌之以匏，取式公刘。"日本茶道的集大成者千利休也与陆羽一样自己设计、制作茶器。千利休奠定了日本茶道的民族审美风格，其设计制作的茶器甚至能售出天价。

手工艺品的传统在中国历史悠久，并且在现当代依然生生不息，持续得到国人的喜爱甚至追捧。但是人们对于传统手工艺，大多聚焦于名匠大师的作品，例如被认定为国家级或省级传承人的手艺绝活儿及产品，亦即工艺品。在古代，茶器往往是具有较高艺术水准的手工艺品,例如御用瓷器、金银器、琉璃器、竹木牙雕、玉雕、景泰蓝等,这些器具主要是服务于皇亲国戚、达官贵人、巨商富贾以及文人士大夫阶层的,匠人的工艺绝活儿也只有依赖社会统治者集团才能够存续。

茶器方面,一个最典型的例子就是法门寺地宫出土的整套唐代宫廷茶器,这些精美绝伦的器物与陆羽的二十四器虽然在功能上大同小异,但是在物质属性特别是审美上则大相径庭。

在陆羽的二十四器中,除了具有很高的技艺成就、专为上层社会提供服务的高级手工艺及其作品,更多的是那些广泛见于民间的各种手工业的民艺品。

民艺这一概念源于日本柳宗悦提倡的民艺运动,所谓民艺就是"民众的工艺"①,这意味着民艺学关注用具、器物,其视角主要是艺术性的,在承认民艺品之功能的基础之上,更加突出其审美的价值。② 民艺品比起那些高级的手工艺品,的确更为接近民俗学物质文化研究的理念。民艺学善于从普通的器物中发现并发掘其蕴含的美,将它们视为富有审美价值的"身边的艺术"。

陆羽的二十四器显然已经具备了民艺的审美价值,然而似乎也不能完全用民艺品来定位。它们是介于宫廷器、高级手工艺品与民艺品之间的器物形态,特别是被赋予了文人、茶人审美观照的器物,姑且称之为文人茶器。

---

① [日]柳宗悦:《工艺文化》(徐艺乙译),第13页、第59页,广西师范大学出版社,2006年1月。
② 潘鲁生、唐家路:《民艺学概论》,第121—164页,山东教育出版社,2002年10月。

绪论 《茶经》三体

对于这类器物的研究更多集中在博物馆学领域。博物馆学致力于物态藏品的搜集、收藏、整理和展示,其物质文化研究基本上是围绕对藏品的相关研究展开的。遵循文化展示的逻辑,博物馆的藏品搜集常常带有猎奇色彩或过于追求独特性和艺术性,故对常见的民具缺少兴趣。不仅如此,博物馆对物品的处理,是要把它们从其原先的文化语境中抽离出来的[①],其遗产化的趋势仍然经常会使博物馆忽视那些器物所处的真实环境。博物馆通过"物象叙事"往往更多的是要展现国家或地区、族群的宏大历史,很难顾及日常生活中的琐碎细物。比如陈列在中国茶叶博物馆中的茶器,反映出来的也是中国茶文化宏大历史叙事中被选择过的孤立的茶器。即便是对于《茶经·四之器》的相关陈列与研究,也主要着眼于如风炉、釜、茶碗等几种重要器物上。

在文物研究领域,将文献和文物结合起来进行物质文化史的研究,一直是最为基本的学术理路。但绝大部分的文物存量和文献记载都和帝王将相有关,如法门寺地宫的金银茶器和秘色瓷。直到沈从文先生开始致力于"为物立传"的"抒情考古学"研究,他非常重视和关照到一些日常琐物[②]。这种方法也非常适用于陆羽二十四器的研究。

其实,从陆羽《茶经》开始直到晚明江南文人所著的一系列茶书,共同构成了一部中国文人茶器的"物的传记"——其中在器物

---

① [英]迈克尔·罗兰(Michael Rowlands):《历史、物质性与遗产》(汤芸、张原编译),第147页,北京联合出版公司,2016年11月。
② 季进:《论沈从文与物质文化研究》,《爱知大学国际问题研究所纪要》,第151号,2018年2月。

方面尤为突出的是文震亨撰写的《长物志》，这是一部着力于品评鉴赏文人雅士之闲居生活所涉及物品的笔记体著作，突出展现了明代文人所刻意追求的，被认为是清新典雅的生活方式及审美趣好。从庭院的园囿林池到室内的陈设雅趣，从起居坐卧到焚香品茗，无处不在地显示出文人雅士通过器物或陈设来建构品位和张扬情调的追求。这部作品有一个特点，即文震亨在赏鉴一切物品尤其是器物时，无处不以标示其"雅"为准则，对于他认为"不雅"之物则极力贬损和摒弃。然而，几乎所有明清时期的茶书似乎都具有这样的倾向，使得品茗这一行为被烙上了文人风雅、精雅、优雅的标识。由此，集中对艺术类器物进行审美解读，将雅、俗对立，从而鲜明地表达了尚雅卑俗的审美理念，成为中国茶文化在物质研究方面的一种历史走向。

而在《茶经》当中，民具之俗与文器之雅，二者是同时存在的，尽管二者不能相提并论。陆羽仍旧难以摆脱文人身份立场，也明显地将"四之器"一章中的内容视为一个能够充分表达和实现自己文人理想的重点。这也揭示了古代文人通过对雅致器物和情调的追求以建构其社会地位的尝试。正是在陆羽建立了这样的器物审美传统的延长线上，对雅致器物的研究得以成为中国茶文化的物质文化研究的主流。

文以载道，器以载道，是中国文化当中最具代表性的思维方式。器与道是一对相互对应的概念。《茶经》中的"三体"可以理解成"具—器—道"。民具是一个基础，是形而下的；茶道是一种思想理念，最终是在传递一种价值观念，是形而上的；而文人茶器则是承上启下的部分。这就是"以茶器为载体"的意义，二十四器是"陆子煎茶法"的器物表达，也是陆羽茶道的直接承载物。

三、以茶道（价值观）为主体

民具承载着中国亿万庶民的生活智慧和情感，文人器则承载着文人的思想情感与文化理想，《茶经》中的"具"和"器"都是弥足珍贵的文化遗产；并且因为其组合的形态被完整记载下来，更具珍贵的研究价值。

器以载道，陆羽二十四器中有很多都承载、体现着他的茶道思想。风炉（陆氏鼎）上的铭文"伊公羹陆氏茶"表达了青年陆羽希望经世治国的政治抱负。水、火、风三卦象与物象，以及"坎上巽下离于中"和"体均五行去百疾"的铭文，演绎了周易五行学说和道法自然的思想。"圣唐灭胡明年铸"则是忠君爱国情怀的流露。其次是鍑，《茶经》要求"方其耳，以正令也；广其缘，以务远也；长其脐，以守中也"。这在其功能性表述的背后是对儒家中正思想的隐喻。而漉水囊则是取自佛门的一件器物，与其说它有过滤水中杂质的功能，不如说其更大的功能是宣扬佛教悲悯精神在茶道中的体现。

《茶经》中的器具还可以从设计学的角度加以思考，陆羽除了掌握茶农的生产工具和文人饮茶器具的基本形态，还依据当时最新的设计学原理，分别从形制、功能、结构、材料、工艺、装饰等多方面进行归纳、整合、设计，揭示传统民具所内含的造物理念和民众智慧。因此，陆子煎茶法所展示的茶之"原道"本在于日用。将中国茶道求诸传统日用的器具，堪称一条正本清源的路径。

茶圣的绝学——陆子煎茶法

循着这一朴素的路径，对《茶经》的具与器进行复原与应用，能够为当下冷漠的机器时代、网络时代、虚拟时代带来些许暖意。在这个思路的延长线上，我们很自然地就会探讨到《茶经》器具对现代社会可能具有的借鉴意义。

如果进一步扩大视野，我们不难发现，当代中国物质文明的更新换代，其实是处于更为广阔的推动人类物质文明大规模和大面积提升的全球化物流事业的延长线上的。在这个过程中，既有对中国古代传统器物的继承、创新和扬弃，更有对海外器物的接纳、利用和改造。如今，这一过程又反向形成了对传统文化的追求，直接体现在对传统民具器物的复原，以及茶文化热潮中，复兴唐煮、宋点、明冲泡都是很好的例证。

从《茶经》的器物研究去接近行为、结构和社会文化逻辑的路径。通过"物"及其周边事象深入研究特定历史时期的社会变迁或文化结构，是当代物质文化研究的范式之一。而当陆子煎茶法被复原，《茶经》中的器具被现代人一一重现并使用后，这一切就已经进入了一个新的语境之中，有必要借鉴"新史学派"的研究方法，把它们视为重要的新"文本"资料或基本素材。强调"物"在日常生活中的意义，它的社会生命史、符号性、语境性、文化关联性，以及它对于人的自我认同及社会身份建构。《茶经》器具在当代甚至还具有对民族身份自我认同的意义，甚至涉及茶器"物性"对于茶人"人性"的形塑等意义。

茶器承载茶道，其实只是揭示了其文化符号的意义，我们需要进而探讨《茶经》的物质性和非物质性之间的关系问题，包括器物与环境、人的关系，器物所体现的民众生活智慧，器物所承载的族群历史和身体技艺。

假设我们将如今人手一部、须臾不可分的手机看作是一件"器物",它与陆羽在当时所倡导的茶器有没有共通性?它们同样都促成了人与人的交流,却也同样促成了社会的"个人化"。陆羽特意在《茶经·九之略》的末尾高调宣称:"但城邑之中,王公之门,二十四器阙一,则茶废矣。"

人手一部手机和人手一套茶器,究竟会有哪些不同呢?本质上仍然是关于人与物之关系的智慧。

马林诺夫斯基在《文化论》中提出问题:"文化的物质方面如何影响道德方面?"在《文化论》中,以物质器具为例,马林诺夫斯基对功能定义如下:

> 我们所谓功能,就是一物质器具在一社会制度中所有的作用,及一风俗和物质设备所有的相关,它使我们得到更明白更深刻的认识。观念、风俗、法律决定了物质的设备,而物质设备却又是每一代新人物养成这种社会传统形式的主要仪器。[①]

在深入探索器物、技术和意义之间的复杂关系之后,《茶经》可以被理解为一个通过各种物态象征建构的充满文化意义的古代世界。若要理解这个意义的世界,途径之一便是认真地研究这些物态或物化的象征,解读物态背后潜藏着的丰富内涵。以茶道为主体的意义即在于此。

---

① [英]马林诺夫斯基:《文化论》,费孝通译,华夏出版社,2002年,第149页。

茶圣的绝学——陆子煎茶法

文化既有物质的层面、物化的形态或载体，也有非物质的内涵和意义，它们原本就是不可分割的整体。所谓的《茶经》中的"三体"——以茶具（民具）为本体、以茶器（文人器）为载体、以茶道（价值观）为主体——不仅是针对"陆子煎茶法"这一文化遗产的理论体系建构，似乎也可以适用于其他文化载体的研究。

第一章

茶具十八种

第一章　茶具十八种

在详细写出唐代蒸青饼茶制作的七道工序之前，陆羽先详细记录了所要使用的十八种茶具。七道工序与十八种茶具的对应关系如下：

- 采茶具：籝
- 蒸茶具：灶、釜、甑、箄、叉
- 捣茶具：杵臼
- 成型具：规、承、襜、芘莉
- 干燥具：棨、朴、焙、贯、棚
- 穿茶具：穿
- 封茶具：育

天门陆子茶道院完整复原、制作了这十八种茶具并且投入使用，依照陆羽所述之法制茶。对每一件茶具的图录、实物照片与文本解读如下：

籝（yíng），一曰篮，一曰笼，一曰筥（jǔ），以竹织之，受五升，或一、二、三者，茶人负以采茶也。

籝：又叫作篮、笼、筥，竹编而成，容量大小为五升，也有一斗、二斗、三斗的。它是采茶人背着采摘茶叶用的。

茶圣的绝学——陆子煎茶法

筥

灶,无用突者。釜,用唇口者。

灶,不要用有烟囱的(使火力集中于锅底)。锅,用锅口有唇边的。

灶

釜

第一章 茶具十八种

甑（zèng），或木或瓦，匪腰而泥，篮以箄之，篾（miè）以系之。始其蒸也，入乎箄；既其熟也，出乎箄。釜涸，注于甑中。又以榖木枝三亚者制之，散所蒸芽笋并叶，畏流其膏。

甑：本为古代蒸食炊器，用木或瓦制成，圆桶形箍腰，腰部用泥封好。甑内放竹篮作甑箄，用竹片系牢。开始蒸的时候，芽叶放到箄里，蒸到适度，就从箄里拿出来。甑下面的锅里如果水煮干了，要及时添注。再用带着三个分叉的木枝，把所蒸好的芽叶摊散开，以免汁液流失。

甑

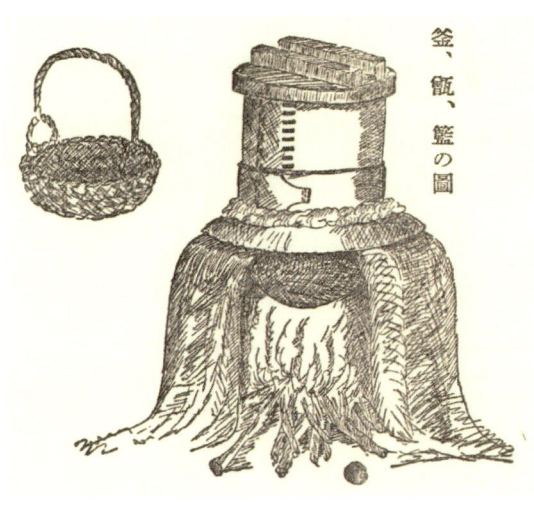

诸冈存《茶经评释》中手绘的釜、甑、篮

茶圣的绝学——陆子煎茶法

  杵臼，一曰碓，惟恒用者佳。

  杵臼：又叫碓，以经常使用的为好。用杵臼捣茶成膏，唐人诗中有"夜臼和烟捣""左右捣凝膏"的诗句，即言其事。捣又叫研，即在杵臼或者内壁带棱的陶研盆中研磨在甑中已蒸过的茶叶。官营大型种茶场使用研架，数架研茶工具同时工作，研磨之声轰然如雷霆。李郢的《茶山贡焙歌》中有这样的描写："蒸之馥之香胜梅，研膏架动轰如雷。"

杵臼

  值得说的是，崇尚中国文化与茶饮的日本嵯峨天皇，在 814 年所作诗《夏日左大将军藤冬嗣闲居院》中有两句："吟诗不厌捣香茗，乘兴偏宜听雅弹。"巧合的是，当时另一部汉诗文集《文华秀丽集》收录了淳和天皇（嵯峨天皇的皇太弟）所作的诗《夏日大将军藤原朝臣闲居院纳凉探得闲字应制》，其中也有两句："避暑追风长松下，提琴捣茗老梧间。"两首诗中都写到了"捣茗"这个动作。此外《凌云集》所收嵯峨天皇的诗《秋日皇太弟池亭赋天字》中有两句："兼然幽兴处，院里满茶烟。""院里满茶烟"如果理解为烹茶时产生的水蒸气未免过于夸张，更可能是蒸茶时产生的烟雾。这

022

第一章 茶具十八种

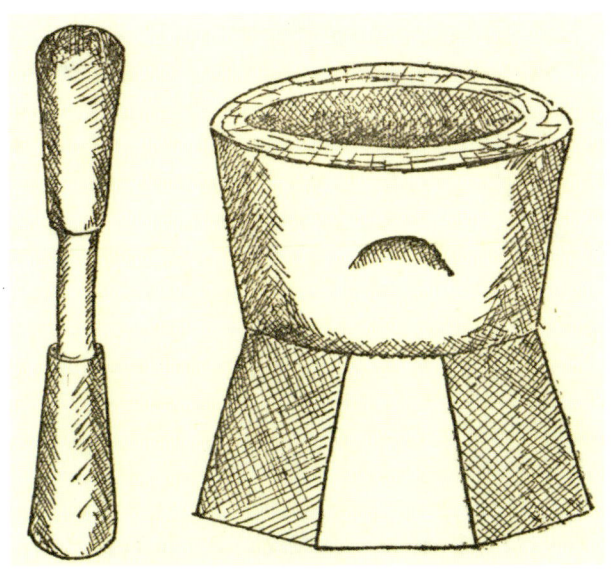

诸冈存《茶经评释》中手绘的杵臼

些诗中的"捣茗"与"茶烟"当然源自《茶经》。9世纪初,《茶经》已经传到日本,很可能直接影响了天皇的审美。

规,一曰模,一曰棬,以铁制之,或圆,或方,或花。

规:又叫模,也叫棬,就是模型,用以把茶压紧,使之成一定的形状。用铁制成模子,或圆形,或方形,或花形,或不规则形,或厚或薄,质量不等。把在臼中捣好的茶膏注入其中,加以拍打,使之坚实成型。陆龟蒙的《茶焙》中描述:"左右捣凝膏,朝昏布烟缕。方圆随样拍,次第依层取。"皮日休的《茶中杂咏·茶舍》中也有描述:"棚上汲红泉,焙前蒸紫蕨。乃翁研茗后,中妇拍茶歇。"

023

茶圣的绝学——陆子煎茶法

规

承,一曰台,一曰砧,以石为之。不然,以槐桑木半埋地中,遣无所摇动。

承:又叫台,也叫砧,用石块做成,如用槐木、桑木的,就要把下半截埋在地里,使它不能摇动。

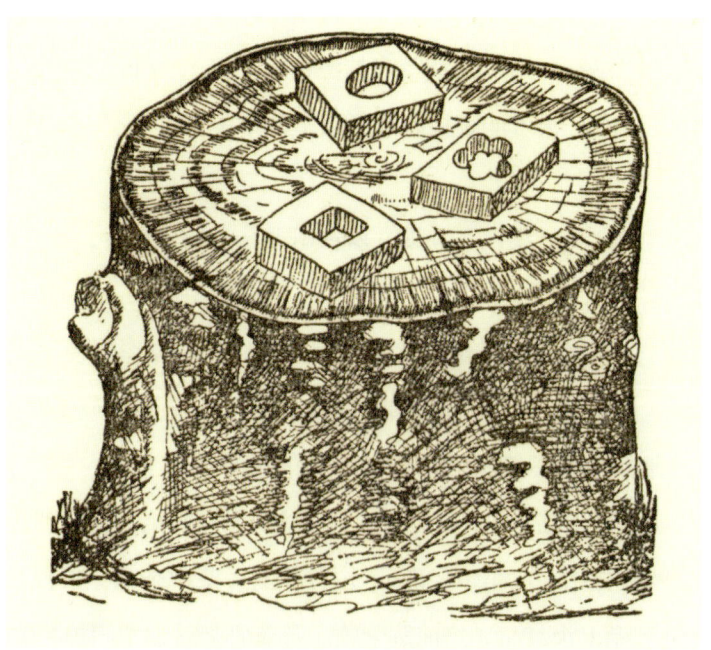

诸冈存《茶经评释》中手绘的规、承

第一章　茶具十八种

襜，一曰衣，以油绢或雨衫、单服败者为之。以襜置承上，又以规置襜上，以造茶也，茶成，举而易之。

襜：又叫衣，可用油绢或穿坏了的雨衣、单衣做成。把襜放在承上，襜上再放模型，用来制造压紧的饼茶。压成一块后，拿起来，换一个继续做。

襜

芘莉（bì lì），一曰籝子，一曰篣筤（páng làng），以二小竹，长三尺，躯二尺五寸，柄五寸，以篾织方眼，如圃人土罗，阔二尺，以列茶也。

芘莉：又叫籝子或篣筤，是列茶工具。人们用两根各长三尺的小竹竿，制成身长二尺五寸、手柄长五寸、宽二尺的工具，当中用篾织成方眼，看起来好像种菜人用的土筛，实际上用来放置茶。饼茶成型后，从模子中取出，置于芘莉之上。皮日休的《茶中杂咏·茶籝》中写到"筤篣（同篣筤，下同）"："筤篣晓携去，蓦个山桑坞。

开时送紫茗，负处沾清露。歇把傍云泉，归将挂烟树。满此是生涯，黄金何足数。"

然而，《茶经》在历史上各个时期的版本存在着差异，比如关于芘莉，在目前存世最古的宋刻百川学海本《茶经》中解读为"籯子"，而非后来的"篣子"。那么"籯子"究竟是何物？"籯"通"累"，指用绳索有条理编缀竹条。汉刘熙《释名》："籯，累也，恒累于人也。"汉许慎《说文解字》："累，缀得理也。"段玉裁注："缀者，合箸也。合箸得其理，则有条不紊，是曰累。"《易经·大壮卦·九三》："羝羊触藩，籯其角。"唐孔颖达《周易正义·疏》："籯，拘籯缠绕也。"因此，"籯子"即指用竹条有条理编织成的物品。可见在这个问题上百川学海本《茶经》所解释的"籯子"似乎比后来版本中的"篣子"更准确。"篣子"或许是与同为竹编的第一件茶具"籝"混为一谈了。

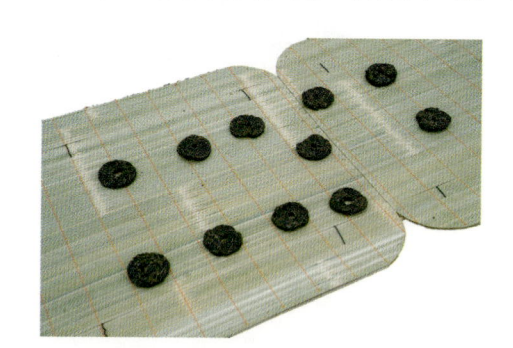

芘莉

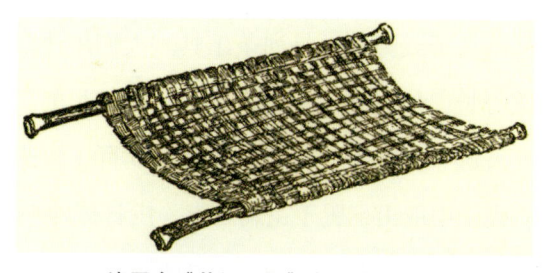

诸冈存《茶经评释》中手绘的芘莉

第一章　茶具十八种

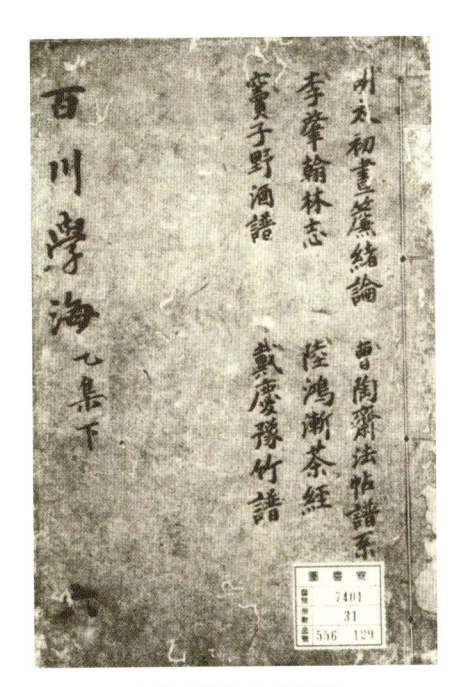

宋百川学海本《茶经》

宋百川学海本《茶经》相关部分

棨（qǐ），一曰锥刀。柄以坚木为之，用穿茶也。

棨：又叫锥刀，用坚固的木料作柄，给饼茶穿洞眼。

周世平认为《茶经》在转抄过程中误增了"刀"和"柄"二字，应为"棨，一曰锥，以坚木为之，用穿茶也"。棨是一件木制的锥状物，因锥孔作业需要耐湿，要用质地坚硬的木材制成。[①]

棨

朴，一曰鞭，以竹为之，穿茶以解茶也。

朴：又叫鞭，用竹制成，用来把饼茶串成串，以便搬运。

朴

[①] 周世平：关于《茶经·二之具》"棨"的研读、辨析与勘误，陆羽研究集刊，2011年总第9期，第31页。

第一章 茶具十八种

焙,凿地深二尺,阔二尺五寸,长一丈。上作短墙,高二尺,泥之。

焙：凿地深二尺,宽二尺五寸,长一丈。上面砌二尺高的矮墙,涂上泥。也有用砖砌的,如李咸用的《谢僧寄茶》中说："砖排古砌春苔干。"皮日休的《茶中杂咏·茶焙》云："凿彼碧岩下,恰应深二尺。泥易带云根,烧难碍石脉。初能燥金饼,渐见干琼液。九里共杉林,相望在山侧。"

焙

贯,削竹为之,长二尺五寸,以贯茶焙之。

贯：削竹制成,长二尺五寸,用来串茶烘焙。

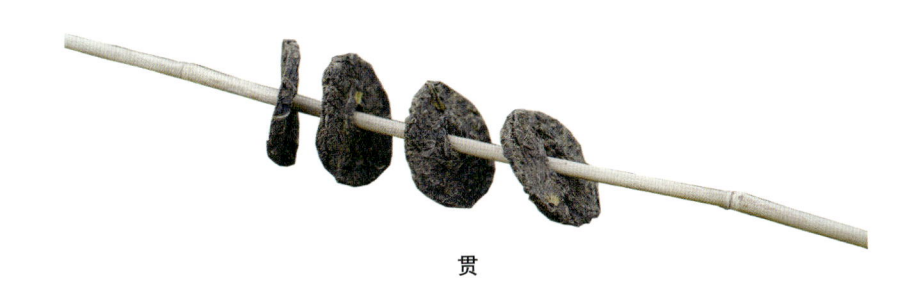

贯

棚，一曰栈。以木构于焙上，编木两层，高一尺，以焙茶也。茶之半干，升下棚；全干，升上棚。

棚：又叫栈，是在焙上做的两层木架，高一尺，用来焙茶。茶半干时，放在下层烘焙；全干时，再移升到上层。

棚

诸冈存《茶经评释》中手绘的棚

第一章 茶具十八种

穿,江东、淮南,剖竹为之;巴山峡川,纫榖皮为之。江东,以一斤为上穿,半斤为中穿,四两、五两为小穿。峡中,以一百二十斤为上穿,八十斤为中穿,五十斤为小穿。字旧作钗钏之钏字,或作贯串。今则不然,如磨、扇、弹、钻、缝五字,文以平声书之,义以去声呼之:其字以穿名之。

穿:在江东(江东,指长江下游的南岸)和淮南剖竹制成;在川东鄂西一带,用榖树皮搓成。榖木即构木,桑科,产于我国西南部和南部地区,在我国分布很广,树皮可用于做绳索。江东以重一斤的为上穿,重半斤的为中穿,重四两、五两的为小穿。峡中则以重一百二十斤的为上穿,重八十斤的为中穿,重五十斤的为小穿。穿也是当时茶的计量单位。

穿

育,以木制之,以竹编之,以纸糊之。中有隔,上有覆,下有床,旁有门,掩一扇,中置一器,贮煻煨火,令煴煴然。

江南梅雨时，焚之以火。

育：用木制成框架，编上竹篾，再糊上纸。中间有隔，上面有盖，下面有底，旁边有一扇可以开闭的门，中间放置一个容器，盛盖灰的火，用这种没有火焰的暗火，保持较低的温度。在江南梅雨季节，为了加大火力除湿，可以用明火。

育

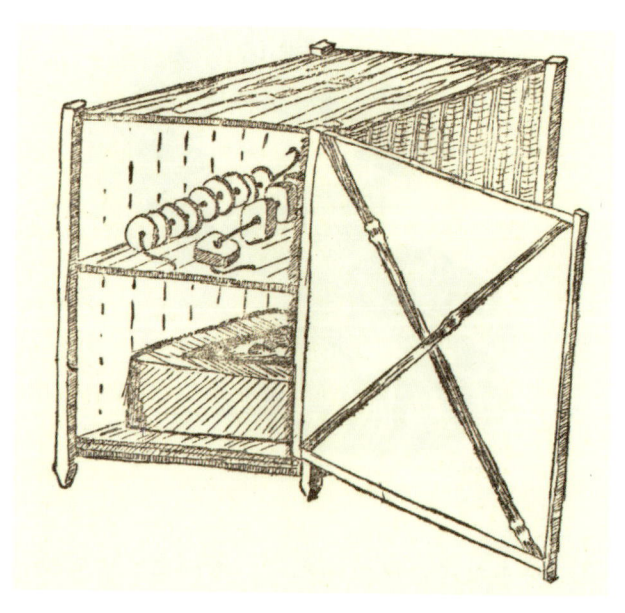

诸冈存《茶经评释》中手绘的育

制茶技术具有时代性，要与当时的生产力水平相适应。透过"二之具"，可以粗略地看到唐代的制茶水平。一般来讲，"四之器"是为每次供3—5人品茶而设置的，器皿的形制规格须严格固定，而"二之具"的设计和制作，原本是饼茶生产的经验总结，只要能够保证饼茶的质量，茶具较茶器的复制可以相对灵活一些。

其一，形制大小有一定的伸缩性。例如，用竹子编制而成的采茶用篮笼，容量可大可小（四五升至三斗均可）。有些规定尺码的物件，也是可以适当改变的，因为改变这些形制并不会影响饼茶的制作质量。如用来铺放茶叶的芘莉，虽然《茶经》中写有具体的尺寸，约七十厘米见方，但也是可以就地取材、适度改变大小的。

其二，材质用料可以多样。如承台，可石可木；穿，可剖竹条，亦可用树皮搓成；襜衣，"以油绢或雨衫"。油绢，本指细薄光滑的丝织品，复制时采用了香云纱（莨纱），取其不透水不粘物的特性。

其三，用具结构因地制宜。《茶经》中规定不用有烟囱的灶，是为使火力集中于锅底。但古代的无烟囱灶，一般是置于不封闭或没有围墙的环境之中。如果将无烟囱灶放在现代房屋室内，其烟雾无法挥发，附着在饼茶上，势必影响饼茶的质量和风味。

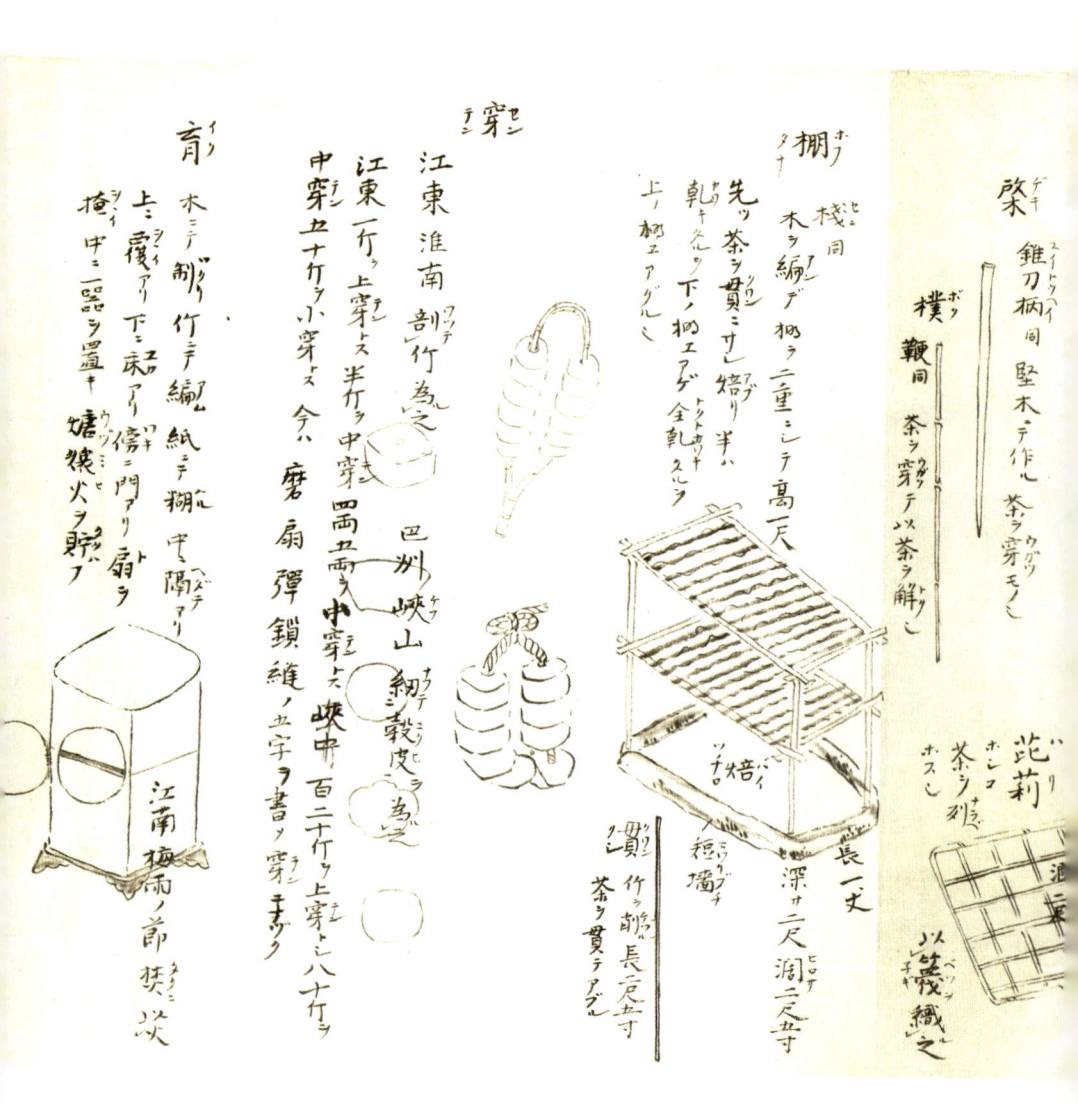

布目潮渢编《中国茶书全集》，汲古书院

第一章　茶具十八种

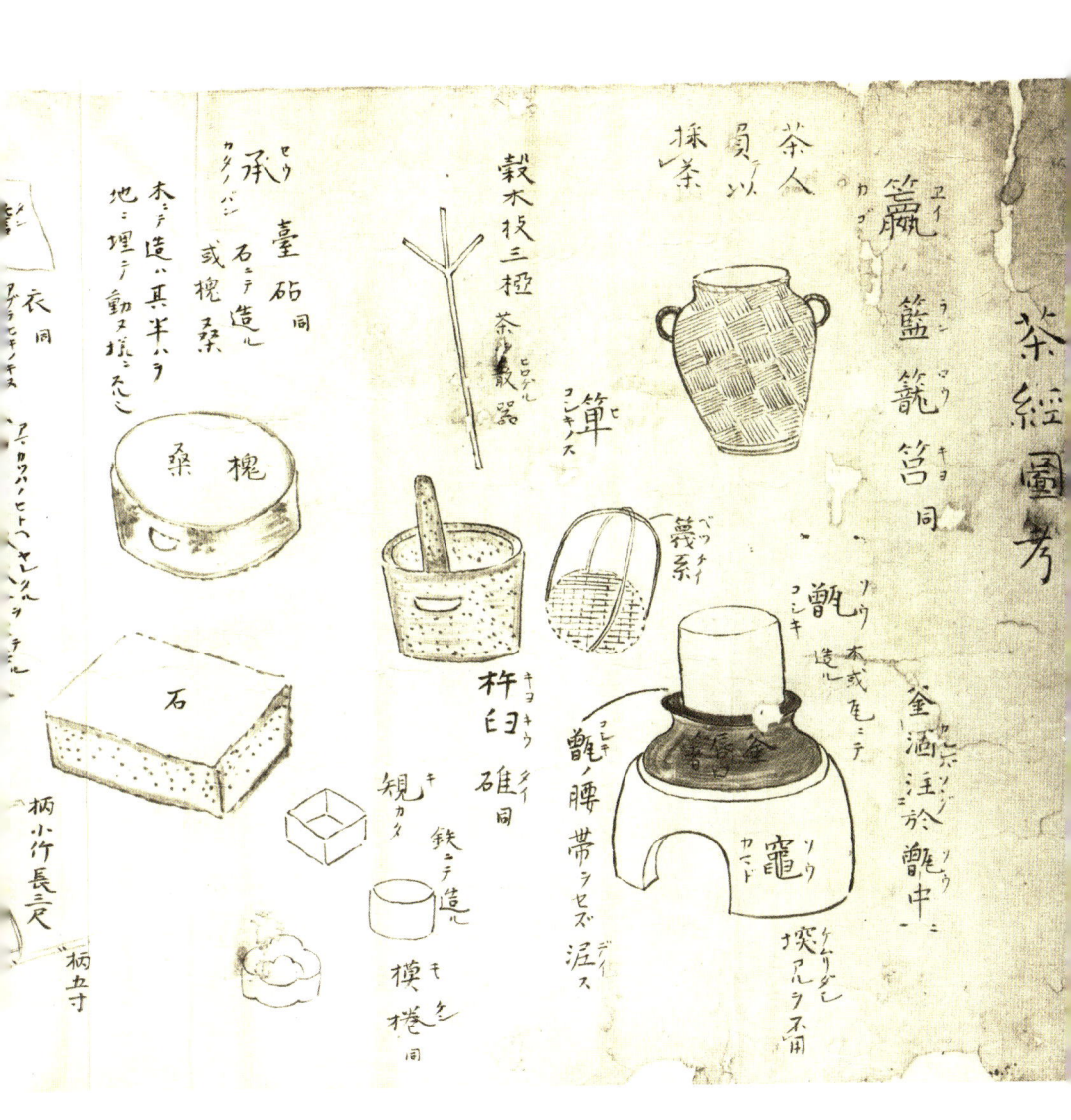

茶經圖考

篇　籯　筥同
カゴ　ロウ　キョ

以採茶

茶人負以

穀木枝三極
茶所蒙器

筆
コシキ

甑
コシキ
木或瓦ニテ造ル

釜酒注於甑中

竈
カマド
堙ヲ不用

甑ノ腰帯ヲヒズ泥ス

承　砧同
トリ　カタバン
石ニテ造ル或槐桑
木ニテ造ルハ其半ヲ
地ニ埋メ動ヌ様ニス

臺　砧同
ダイ

規
キ
鉄ニテ造
モ色

杵臼　碓同
キョウキュウ　タイ

模　襁同
モケン

槐桑

石

柄小竹長三尺

柄五寸

第二章

唐代蒸青饼茶

第二章　唐代蒸青饼茶

目前，中国尚未出土唐代蒸青饼茶实物，相关考古发掘也无发现，仅能在文献记载中找寻其踪迹。若想看唐代的遗物，我们常常会把目光聚焦到日本的正仓院。

日本奈良正仓院对中国文物的搜集始于756年，但在此之前，日本皇室就已经派出遣隋使、遣唐使十五批，中国皇室使节也有三次赴日，道睿、鉴真等僧侣曾东渡日本，因此中国传到日本的物品已经有相当数量。目前，正仓院的文物尚未整理完毕，据悉，已经研究确定的文物有九万多件。其中包括文具、乐器、服装、家具、图书、佛像等。

目前正仓院中的文物里并没有茶，而有一种"饼"被纳入中草药的类别。这样的药饼共二十枚，用绳穿在一起，保存在木盒里。这种饼的外形，与《茶经·二之具》《茶经·三之造》中描述的饼茶外形几乎完全一致。陆羽指出，在江东，即长江中下游南岸地区，一穿饼茶的重量有一斤的（唐时的一斤为三百七十克），为上穿；有半斤的，为中穿；有四五两的，为小穿。而正仓院的二十枚药饼约为二百克，正好与陆羽所说的中穿饼茶大小相符。又据考证，正仓院所存药品大部分采办自中国扬州，扬州即属于《茶经》中所言的江东。

茶也是中草药的一种，尤其在唐宋时期中国和日本的寺院中流行饮用茶汤，汤是汤药、汤剂的意思。正仓院的药饼虽然并非饼茶，但基本可作为我们对唐代饼茶实物想象的参照。

日本正仓院藏中国8世纪的药饼（图片源自滕军《中国茶文化交流史》）

据史料，唐代时全国已有八十个州产茶，相当于现在的十五个省（自治区、直辖市）产茶，种茶范围已扩大至大江南北。

据查，唐代云南早已产茶，但《茶经》中并未谈及，因为一千二百年前的云南属于南诏国管辖范围，所以陆羽在《茶经》中没有写到云南产茶。再结合其他史料的补充记载，唐代的茶区布局，已与现代接近。

按陆羽《茶经》所述，唐代人工种植的茶树已见于现今四川、重庆、陕西、河南、安徽、湖南、湖北、江西、浙江、江苏、贵州、福建、广东、广西等地的四十二个州和一个郡，全国已形成八大茶区。

表1 《茶经》中的全国八个茶区分布

序	茶区名称	包括地区
1	山南茶区	峡州（今湖北宜昌一带），襄州（今湖北襄阳一带），荆州（今湖北江陵一带），衡州（今湖南衡阳一带），金州（今陕西安康一带），梁州（今陕西汉中一带）
2	淮南茶区	光州（今河南潢川、光山一带），舒州（今安徽怀宁一带），寿州（今安徽寿县一带），蕲州（今湖北蕲春一带），黄州（今湖北黄冈、新州一带），义阳郡（今河南信阳一带）
3	浙西茶区	湖州（今浙江湖州一带），常州（今江苏武进一带），宣州（今安徽宣城一带），杭州（今浙江杭州一带），睦州（今浙江建德一带），歙州（今安徽歙县一带），润州（今江苏镇江一带），苏州（今江苏苏州一带）
4	剑南茶区	彭州（今四川彭州一带），绵州（今四川绵阳一带），蜀州（今四川成都一带），邛州（今四川邛崃一带），雅州（今四川雅安一带），泸州（今四川泸州一带），眉州（今四川眉山一带），汉州（今四川广汉一带）
5	浙东茶区	越州（今浙江绍兴一带），明州（今浙江宁波一带），婺州（今浙江金华一带），台州（今浙江临海一带）
6	黔中茶区	思州（今贵州务川一带），播州（今贵州遵义一带），费州（今贵州德江一带），夷州（今贵州凤冈、石阡一带）
7	江南茶区	鄂州（今湖北武汉一带），袁州（今江西宜春一带），吉州（今江西吉安一带）
8	岭南茶区	福州（今福建福州、闽侯一带），建州（今福建建瓯、建阳一带），韶州（今广东曲江、韶关一带），象州（今广西壮族自治区象州一带）

根据历史资料综述，随着唐代茶叶生产的发展，在当时的八大茶区中，至少有名茶一百四十个品种[①]，它们是中国产茶史上最早的名茶。了解和掌握古代名茶，既有助于开拓和创新名茶的未来，推动名优茶迭代升级，促进名优茶的发展，也能使茶在物质价值、精神价值和文化价值上得到全面提升，助力茶产业再铸新辉煌。现将唐代名优茶品种整理如下。

表2　唐代名优茶品种

序号	茶名	产地	类别
1	黄冈茶	黄州黄冈（今湖北黄冈）	绿饼茶
2	蕲水团薄饼	蕲州浠水县（今湖北浠水）	绿饼茶
3	蕲水团黄	蕲州浠水县（今湖北浠水）	绿饼茶
4	蕲门团黄	蕲州蕲春、蕲水县（今湖北蕲春）	绿饼茶
5	鄂州团黄	鄂州（今湖北武昌）	绿饼茶
6	施州方茶	施州（今湖北恩施）	绿饼茶
7	归州白茶（清口茶）	归州（今湖北秭归）	绿散茶
8	夷陵茶	峡州夷陵（今湖北宜昌）	绿饼茶
9	小江源茶（小江园）	峡州（今湖北宜昌）	绿饼茶
10	朱萸簝	峡州（今湖北宜昌）	绿饼茶
11	方蕊茶	峡州（今湖北宜昌）	绿饼茶
12	明月茶	峡州（今湖北宜昌）	绿饼茶
13	峡州碧涧茶	峡州宜都（今湖北枝城）	绿饼茶
14	荆州碧涧茶	荆州松滋（今湖北松滋）	绿饼茶
15	楠木茶	荆州松滋（今湖北松滋）	绿饼茶
16	荆州紫笋茶	荆州江陵（今湖北江陵）	绿饼茶

---

① 参见《农业考古》，论唐代茶区与名茶，程启坤、姚国坤，1995年第2期。

（续表）

序号	茶名	产地	类别
17	仙人掌茶	荆州当阳（今湖北当阳）	绿饼茶
18	襄州茶	襄州（今湖北襄阳、南漳）	绿饼茶
19	蒙顶茶（蒙山茶）	雅安蒙山（今四川雅安蒙山）	绿饼茶
20	蒙顶研膏茶	雅州蒙山（今四川雅安蒙山）	绿饼茶
21	蒙顶紫笋	雅州蒙山（今四川雅安蒙山）	绿饼茶
22	蒙顶压膏露芽	雅州蒙山（今四川雅安蒙山）	绿饼茶
23	蒙顶压膏谷芽	雅州蒙山（今四川雅安蒙山）	绿饼茶
24	蒙顶石花	雅州蒙山（今四川雅安蒙山）	绿散茶
25	蒙顶井冬茶	雅州蒙山（今四川雅安蒙山）	绿饼茶
26	蒙顶篯茶	雅州蒙山（今四川雅安蒙山）	绿散茶
27	蒙顶露鋑茶	雅州蒙山（今四川雅安蒙山）	绿散茶
28	蒙顶鹰嘴芽白茶	雅州蒙山（今四川雅安蒙山）	绿散茶
29	赵坡茶	汉州广汉（今四川广汉）	绿饼茶
30	黔阳都濡茶（都濡高枝）	黔州彭水县（今重庆彭水）	绿饼茶
31	茶岭茶	夔州（今重庆市万州区）	绿饼茶
32	香山茶（香雨茶、香真茶）	夔州（今重庆巫山、巫溪）	绿饼茶
33	多陵茶	忠州南宾（今重庆石柱）	绿饼茶
34	白马茶	涪州（今四川涪陵）	绿饼茶
35	宾化茶	涪州宾化（今重庆武隆）	绿饼茶
36	狼猱山茶	渝州南平县（今重庆市綦江区）	绿饼茶
37	纳溪梅岭茶（泸州茶、纳溪茶）	泸州（今四川纳溪）	绿散茶
38	绵州松林茶	绵州（今四川绵阳）	绿饼茶
39	昌明兽目（昌明茶、兽目茶）	绵州昌明县（今四川江油）	绿饼茶
40	神泉小团	绵州神泉县（今四川江油）	绿饼茶
41	骑火茶	绵州（今四川绵阳）	绿饼茶
42	玉垒沙坪茶	茂州（今四川汶川）	绿饼茶

043

（续表）

序号	茶名	产地	类别
43	堋口茶	彭州（今四川彭州）	绿饼茶
44	彭州石花	彭州（今四川彭州）	绿饼茶
45	仙崖茶	彭州（今四川彭州）	绿饼茶
46	峨眉白芽茶（峨眉雪芽）	嘉州（今四川乐山）	绿散茶
47	峨眉茶	嘉州（今四川乐山）	绿饼茶
48	味江茶	蜀州青城（今四川都江堰）、味江	绿饼茶
49	青城山茶	蜀州青城（今四川都江堰）	绿散茶
50	蝉翼	蜀州、眉州各县	绿散茶
51	片甲	蜀州各县	绿散茶
52	麦颗	蜀州各县	绿散茶
53	乌嘴	蜀州各县	绿散茶
54	横牙	蜀州各县	绿散茶
55	雀舌	蜀州各县	绿散茶
56	百丈山茶	雅州百丈县（今四川雅安）	绿饼茶
57	名山茶	雅州名山县（今四川雅安）	绿饼茶
58	火番饼	邛州（今四川邛崃）各县	绿饼茶
59	思安茶	邛州思安县（今四川大邑县西）	绿饼茶
60	火井茶	邛州火井县（今四川邛崃县西）	绿饼茶
61	九华英	剑州（今四川剑阁以南蜀中地区）	绿饼茶
62	零陵竹间茶	永州（今湖南零陵）	绿饼茶
63	碣滩茶	辰州（今湖南沅陵）	绿茶
64	灵溪芽茶	溪州（今湖南永顺）	绿散茶
65	西山寺炒青	朗州（今湖南常德）西山寺	炒青
66	麓山茶（潭州茶）	潭州（今湖南长沙）	绿散茶
67	渠江薄片	潭州、邵州（今湖南安化、新化）	绿饼茶
68	石禀方茶	衡州（今湖南衡山）	绿饼茶
69	衡山月团	衡州（今湖南衡山）	绿饼茶
70	衡山团饼（岳山茶）	衡州（今湖南衡山）	绿饼茶

第二章 唐代蒸青饼茶

（续表）

序号	茶名	产地	类别
71	湖含膏（水噁湖茶、岳阳含膏冷）	岳州（今湖南岳阳）	绿饼茶
72	岳州黄翎毛	岳州（今湖南岳阳）	绿散茶
73	武陵茶	朗州武陵郡（今湖南常德）	绿饼茶
74	澧阳茶	澧州澧阳郡（今湖南澧县）	绿饼茶
75	泸溪茶	辰州泸溪郡（今湖南泸溪）	绿饼茶
76	邵阳茶	邵州邵阳郡（今湖南宝庆）	绿饼茶
77	枕子茶	今湖南	绿饼茶
78	金州芽茶	金州（今陕西安康）各县	绿散茶
79	梁州茶	梁州（今陕西汉中）各县	绿散茶
80	西乡月团	梁州西乡（今陕西西乡）	绿饼茶
81	光山茶	光山（今河南光山）	绿饼茶
82	义阳茶	申州义阳郡（今河南信阳）	绿饼茶
83	祁门方茶	歙州祁门县（今安徽祁门）	绿饼茶
84	牛轭岭茶	歙州（今安徽黄山市）	绿饼茶
85	歙州方茶	歙州新安各县（今安徽黄山市）	绿饼茶
86	新安含膏	歙州新安各县（今安徽黄山市）	绿饼茶
87	至德茶	池州至德县（今安徽东至）	绿饼茶
88	九华山茶	池州青阳县（今安徽青阳）	绿饼茶
89	瑞草魁（雅山茶、鸭山茶、鸦山茶、丫山茶、丫山阳坡横纹茶）	宣州（今安徽宣城、郎溪、广德、宁国四县交界的丫山）	绿饼茶
90	庐州茶	庐州舒城县（今安徽舒城）	绿饼茶
91	舒州天柱茶	舒州潜山（今安徽潜山）	绿饼茶
92	小岘春	寿州盛唐（今安徽霍山）	绿饼茶
93	六安茶	寿州盛唐（今安徽霍山）	绿饼茶
94	霍山天柱茶	寿州（今安徽霍山）	绿饼茶
95	霍山小团	寿州（今安徽霍山）	绿饼茶

（续表）

序号	茶名	产地	类别
96	霍山黄芽（寿州黄芽）	寿州（今安徽霍山）	绿饼茶
97	寿阳茶	寿州寿春县（今安徽寿县）	绿饼茶
98	婺源先春含膏	歙州婺源县（今江西婺源）	绿饼茶
99	婺源方茶	饶州婺源县（今江西婺源）	绿饼茶
100	径山茶	杭州仁和县（今浙江杭州）	绿饼茶
101	睦州细茶	睦州各县（今浙江建德、淳安）	绿散茶
102	鸠坑茶	睦州（今浙江建德、淳安）	绿饼茶
103	婺州方茶	婺州（今浙江金华）各县	绿饼茶
104	举岩茶	婺州金华县（今浙江金华）	绿饼茶
105	东白茶	婺州东阳县（今浙江东阳）	绿饼茶
106	明州茶	明州（今浙江宁波）	绿饼茶
107	剡溪茶（剡茶、剡山茶）	越州（今浙江嵊州）	绿饼茶
108	瀑布岭仙茗	越州余姚（今浙江余姚）	绿饼茶
109	灵隐茶	杭州钱塘（今浙江杭州）	绿饼茶
110	天竺茶	杭州钱塘（今浙江杭州）	绿饼茶
111	天目茶（天目山茶）	杭州（今浙江临安）	绿饼茶
112	顾渚紫笋（湖州紫笋、吴兴紫笋）	湖州吴兴（今浙江长兴）	绿饼茶
113	润州茶	润州（今江苏镇江）	绿饼茶
114	洞庭山茶	苏州（今江苏苏州）	绿饼茶
115	蜀冈茶	扬州（今江苏扬州）	绿饼茶
116	阳羡紫笋（义兴紫笋、常州紫笋）	常州义兴县（今江苏宜兴）	绿饼茶
117	夷州茶	夷州（今贵州石阡）	绿饼茶
118	费州茶	费州（今贵州思南、德江）	绿饼茶
119	思州茶	思州（今贵州婺川、印江）	绿饼茶
120	播州生黄茶	播州（今贵州遵义、桐梓）	绿饼茶
121	吉州茶	吉州（今江西吉安）	绿饼茶

（续表）

序号	茶名	产地	类别
122	庐山云雾（庐山茶）	江州庐山（今江西庐山）	绿散茶
123	鄱阳浮梁茶	饶州浮梁县（今江西景德镇）	绿饼茶
124	界桥茶	袁州宜春县（今江西宜春）	绿饼茶
125	麻姑茶	抚州麻姑山（今江西南城麻姑山）	绿散茶
126	西山鹤岭茶	洪州（今江西南昌）	绿散茶
127	西山白露茶	洪州（今江西南昌）	绿散茶
128	福州正黄茶	福州（今福建福州）	绿饼茶
129	蜡面茶（蜡茶）	建州（今福建建瓯）	绿饼茶
130	建州大团	建州（今福建建瓯）	绿饼茶
131	建州研膏茶（建茶、武夷茶）	建州（今福建建瓯）	绿饼茶
132	福州正黄茶	福州各县	绿饼茶
133	柏岩茶（半岩茶）	福州（今福建福州）	绿饼茶
134	方山露芽（方山生芽）	福州（今福建福州）	绿饼茶
135	金饼	福建建州（今福建建瓯）	绿饼茶
136	罗浮茶	惠州博罗县（今广东博罗）	绿饼茶
137	岭南茶	韶州（今广东韶关）	绿饼茶
138	韶州生黄茶	韶州（今广东韶关）	绿饼茶
139	西乡研膏茶	封州（今广东封川）	绿饼茶
140	西樵茶	广州西樵山（今广东南海）	绿　茶
141	吕仙茶（吕岩茶、刘仙岩茶）	廉州灵川县（今广西合浦）	绿饼茶
142	象州茶	象州阳寿县（今广西象州）	绿饼茶
143	西山茶	浔州桂平县（今广西桂平）	绿散茶
144	容州竹茶	容州（今广西容县）	绿饼茶
145	普茶（普洱茶）	银生城界诸山（今云南思茅、西双版纳地区）	绿饼茶

综合唐代陆羽《茶经》和李肇《唐国史补》等历史资料，唐代各地所产名优茶，若按当今省（自治区、直辖市）划分，分布见表3：

表3　唐代各省所产名优茶归类

相当于现今省份	所产茶叶
四川	雅州（今四川雅安）一带的蒙顶茶，包括蒙顶研膏茶、蒙顶紫笋、蒙顶压膏露芽、蒙顶压膏谷芽、蒙顶石花、蒙顶井冬茶、蒙顶篯芽、蒙顶鹰嘴芽白茶、云茶、雷鸣茶，都江堰一带的青城山茶、味江茶、蝉翼、片甲、麦颗、乌嘴、横牙、雀舌，眉州（今四川眉山）一带的峨眉白芽茶（峨眉雪芽）、峨眉茶、五花茶，名山一带的名山茶、百丈山茶，邛崃一带的有火番茶、火井茶，绵阳一带的绵州松林茶、骑火茶，温江一带的棚口茶，彭州石花、仙崖茶，泸州纳溪的纳溪梅岭茶，江油的昌明兽目（昌明茶、兽目茶），安县的神泉小团，汶川的玉垒沙坪茶，大邑的思安茶，剑阁以南地区的九华英
浙江	湖州长兴的顾渚紫笋，余杭的径山茶，建德、淳安的睦州细茶、鸠坑茶，金华的婺州方茶、举岩茶，东阳、磐安的东白茶，鄞县的明州茶，嵊县的剡溪，余姚的瀑布岭仙茗，杭州的灵隐茶、天竺茶、临安的天目茶、永嘉白茶等
重庆	重庆的茶岭茶，巫山巫溪的香山茶，彭水的黔阳都濡茶（都濡高枝），石柱的多棱茶，武隆的白马茶、涪陵的宾化茶、三般，开县的龙珠茶，合川的水南茶，巴南的狼猱山茶等
湖北	宜昌一带的夷陵茶、小江园茶、朱萸簝、方蕊茶、明月茶，当阳的仙人掌茶，蕲春一带的蕲水团薄饼、蕲水团黄、蕲门团黄，黄冈一带的黄冈茶，赤壁、崇阳一带的鄂州团黄，恩施的施州方茶，秭归的归州白茶（清口茶），松滋的荆州碧涧茶、楠木茶，枝城的峡州碧涧茶，襄阳、南漳的襄州茶等

（续表）

相当于现今省份	所产茶叶
湖南	零陵的零陵竹间茶，沅陵的碣滩茶，龙山灵溪的灵溪芽茶，常德的西山寺炒青，长沙的麓山茶（潭州茶），安化、新化的渠江薄片，衡山的石禀方茶、衡山月团、岳山茶，岳阳的灉湖含膏（岳阳含膏茶）、岳州的黄翎毛，溆浦的武陵茶，澧县的澧阳茶，沅陵的泸溪茶，邵阳的邵阳茶，茶陵的茶陵茶等
陕西	安康的金州芽茶，汉中的梁州茶，西乡的西乡月团等
河南	光山的光山茶，信阳的义阳茶等
安徽	祁门的祁门方茶，黄山各县的新安含膏、牛轭岭茶，歙县的歙州方茶，东至的至德茶，青阳的九华山茶，宣州一带雅山茶（瑞草魁、鸦山茶、鸭山茶、丫山茶、丫山阳坡横纹茶），舒城的庐州茶，潜山的舒州天柱茶，六安的小岘春、六安茶，霍山、六安一带的霍山天柱茶、霍山小团、霍山黄芽（寿州黄芽），寿县的寿阳茶等
江西	婺源一带的先春含膏、婺源方茶，吉安的吉州茶，九江的庐山云雾茶（庐山茶），景德镇的浮梁茶，宜春的界桥茶，南城的麻姑茶，南昌的西山鹤岭茶、西山白露茶等
江苏	南京的润州茶，苏州的洞庭山茶，扬州的蜀冈茶，宜兴的阳羡茶等
贵州	石阡的夷州茶，思南、德江的费州茶，婺川、印江的思州茶，遵义、桐梓的播州生黄茶等
福建	建瓯一带的蜡面茶、建州的大团、建州的研膏茶（建茶、武夷茶），福州的正黄茶、柏岩茶（半岩茶）、方山露芽（方山生芽）等
广东	博罗的罗浮茶，韶关的岭南茶、韶州生黄茶，封开的西乡研膏茶，南海的西樵茶等
广西	灵川的吕仙茶（吕岩茶、刘仙岩茶），象州的象州茶，桂平的西山茶，容县的容州竹茶等
云南	西双版纳、思茅一带的银生茶（普茶）等

唐代各地所产茶叶，按当时的品质分，以现在的湖北宜昌、远安，河南光山，浙江长兴、余姚，四川彭山等地产的茶叶为上。在唐代众多茶品中，尤以四川的蒙顶茶为先，但因数量少，所以唐代影响最为深远的依然是江苏宜兴的阳羡茶和浙江长兴的紫笋茶。

另外，唐时饮茶之风已普及全国。据查，在唐以前中国饮茶主要局限于南方，北方初不饮茶。至唐开元年间（713—741年），由于北方大兴禅教，坐禅夜不进食，只许饮茶，所以饮茶在北方也很快相效成风，如此使饮茶在全国范围内兴起。所以，唐代封演《封氏闻见记》讲：当时"茶道大行，王公朝士无不饮者"，茶成了"比屋皆饮"之物。

随着饮茶在全国范围内的兴起，茶馆业已相当发达。唐代封演《封氏闻见记》道："自邹、齐、沧、棣[①]，渐至京邑城市"，已有许多煎茶卖茶的茶馆了。

而在今新疆、西藏等地，在领略了饮茶对食用奶、肉有助于消化的特殊作用，以及茶的风味以后，人们也视茶为珍品，把茶看作最好的饮料。

关于唐代饼茶的鉴别，陆羽认为"嚼味嗅香，非别也"，用嘴尝、用鼻嗅是初级的鉴别方法，除了上文所列举的对茶叶产地的认识之外，鉴别唐代饼茶，还可通过对饼茶的"色"与"形"的观察来进行。

"紫者上，绿者次；笋者上，芽者次；叶卷上，叶舒次。"这是陆羽关于茶叶未被采摘前的形态的判断。茶叶色紫、形如笋壳、叶

---

① 邹、齐、沧、棣为古代地名，大致位于今山东等地。

卷者，属优质茶；反之，色绿、形如芽、叶展开者较次。

鉴别饼茶的优劣时，陆羽调动了异常生动形象的文学语言。关于饼茶的形的鉴定曰：

> 茶有千万状，卤莽而言，如胡人靴者，蹙缩然；犎牛臆者，廉襜然；浮云出山者，轮囷然；轻飙拂水者，涵澹然；有如陶家之子罗膏土以水澄泚之；又如新治地者，遇暴雨流潦之所经。此皆茶之精腴。有如竹箨者，枝干坚实，艰于蒸捣，故其形籭簁然。有如霜荷者，茎叶凋沮，易其状貌，故厥状萎萃然。此皆茶之瘠老者也。

陆羽将茶分为八等，好茶六等，劣茶二等。好饼茶的外形是：

1. 像胡人皮靴，皱纹很多；
2. 像野牛胸脯，棱角整齐；
3. 像浮云出山一般地卷曲；
4. 像轻风拂水一般荡起涟漪；
5. 像陶工的澄泥；
6. 像被暴雨冲刷过的新垦地。

劣饼茶的外形是：

1. 像笋壳，又像有孔的筛子，枝干坚硬，很难蒸捣；
2. 像经霜荷叶，干枯瘦薄，凋败变形。

大体说来，陆羽的外形鉴茶法是合乎实际情况的，好的饼茶总是有皱有棱，劣茶则硬而变形。

关于饼茶颜色的鉴定之法是：

或以光黑平正言嘉者，斯鉴之下也。以皱黄坳垤言佳者，鉴之次也。若皆言嘉及皆言不嘉者，鉴之上也。何者？出膏者光，含膏者皱；宿制者则黑，日成者则黄；蒸压则平正，纵之则坳垤。此茶与草木叶一也。

陆羽认为，一见外形光、黑、平、正就认为是好茶，这是最不懂茶的了。一见外形皱、黄、凹凸不平便说是好茶，有些道理，但还没弄懂个中缘由。饼面光润是因为压出了茶的汁液，而含有汁液就会皱缩；当天采、次日制的饼茶色黑；当天采、当天制，饼茶的色泽就是金黄的。

第三章 唐代饼茶复原及工艺

第三章　唐代饼茶复原及工艺

唐代饼茶的制作是以贡茶院生产为标准的。唐代贡茶院设立在顾渚山，位于湖州与阳羡两州的交界处。贡茶院在唐末五代之后逐渐没落。

当代对唐代蒸青饼茶工艺的复原，可以追溯到 2008 年，中国国际茶文化研究会的程启坤、姚国坤、张莉颖对唐代饼茶的复原以及陆羽煎茶法进行过研究和实践，并形成了论文发表。同一时期，长兴县复兴了大唐贡茶院，饼茶制作的复原也逐渐成为其中的一部分。杨雅静、郑福年、张文华等人先后开始探索恢复唐代饼茶的制作，但一直没有完全按照《茶经》的描述完整复原"二之具"与"四之器"，也无法用这些工具与工艺制作饼茶。天门市陆羽研究会的童正祥、周世平、张芬等花费数年时间，终于在 2019 年完成了全部器具的复原工作。特别是"唐代蒸青饼茶"的制作技艺，入选 2023 年中国第二届职业技能大赛"最受欢迎的十大绝技"。

郑福年制作的紫笋饼茶　　　恢复后用于祭祀陆羽的紫笋饼茶

茶圣的绝学——陆子煎茶法

烘焙中的陆子饼茶

湖北天门陆子茶道院制作的陆子饼茶

浸泡中的陆子饼茶

唐代蒸青饼茶（展演人张芬）技艺入选中华人民共和国第二届职业技能大赛"最受欢迎的十大绝技"

第三章　唐代饼茶复原及工艺

工欲善其事，必先利其器。复原"二之具"，首先要读懂《茶经·三之造》。制茶工序在"三之造"里说得很明白，文曰：

> 晴，采之。蒸之，捣之，拍之，焙之，穿之，封之，茶之干矣。
> ……
> 自采至于封，七经目。

这就是陆羽总结的"七经目制茶法"。本着经济实用的原则，我们将从鲜叶到成品饼茶的制作概括为七道工序，步骤以及注意事项如下：

一、采之——"采"为制茶的头道工序，至关重要，所以叙述详尽：

> 凡采茶，在二月、三月、四月之间。
> 茶之笋者，生烂石沃土，长四五寸，若薇蕨始抽，凌露采焉。茶之芽者，发于丛薄之上，有三枝、四枝、五枝者，选其中枝颖拔者采焉。
> 其日有雨不采，晴有云不采，晴，采之。

这里讲述了采茶的月份，在农历二、三、四月之间。其中也细说了采茶的标准：生长在肥沃土壤里的茶树，当芽叶粗壮，长四五寸，好像刚刚抽芽的薇蕨，可在有露水的早晨去采摘；生长在草木丛中的茶树，芽叶细弱，有三、四、五枝新梢的，可以选择其中长势较挺拔的采摘。

《茶经》"七经目制茶法"中陆羽特别强调了采茶这一环节,后面的六道工序则着墨不多,其实他已经在"二之具"一章中从物质文化的角度对这些工序进行了阐述。

《茶经·三之造》中的茶叶采摘时节仍然符合现今长江流域一带的春茶生产季节。其实,在《茶经》的"七之事"一章中陆羽也引用了《本草》的记载:"苦茶,一名茶……凌冬不死,三月三日采干。"又引用陶弘景的注文写道:"茗,春采,谓之苦茶。"唐人李郢在《茶山贡焙歌》中也有"春风三月贡茶时……到时须及清明宴"的表述。历经一千多年茶叶采摘时间在一定程度上并未发生显著变化。如今的春茶如西湖龙井,有社前、明前、雨前"三前摘翠"的说法,其中,公历4月5日清明前采摘的明前茶尤为珍贵,这与古籍中"三月三日采干"的记载大致相符。

皮日休和陆龟蒙关于茶具唱和的组诗,常常被看作是对陆羽《茶经》较为深入的"诗解"。特别是皮日休,他与陆羽同为湖北竟陵(今湖北天门)人,尽管二人生活在唐代的不同时期,但皮日休对陆羽一定有着格外钦慕与亲近的感情。他的《茶中杂咏·茶笋》从不同角度展现了茶农植茶、采茶的情景:

> 袖然三五寸,生必依岩洞。
> 寒恐结红铅,暖疑销紫汞。
> 圆如玉轴光,脆似琼英冻。
> 每为遇之疏,南山挂幽梦。

皮、陆二人的诗总有一种文学审美与农学观察相融合的独特美感。《茶中杂咏·茶笋》中描写茶芽的生长，指出生长在岩洞边的才是好茶，还用了数量词——芽梢可长到三五寸长。"倒春寒"的时候，茶芽生长停滞，天气一转暖又迅速萌发生长起来。茶芽的嫩茎有着玉的光泽，且脆弱易断。这样的山中野茶稀有难得，以致茶人做梦都在南山寻觅。

陆龟蒙和诗《奉和袭美茶具十咏·茶笋》中同样描写采茶：

所孕和气深，时抽玉茗短。
轻烟渐结华，嫩蕊初成管。
寻来青霭曙，欲去红云暖。
秀色自难逢，倾筐不曾满。

茶树受到清和之气孕育，抽出如玉般的茶芽。茶农清晨进山采茶，太阳出来后便下山。因为优质的茶芽并不多，茶篮采不满。

茶是自然的风物，农业向来最要靠天吃饭。《茶经·三之造》中所说的采摘的具体做法，可以归纳为两条：第一，当茶树生长在肥沃的土壤里，其长着粗壮芽叶的新梢长到四五寸时，即可采摘；对于生长在草木丛中的茶树，若其长着细弱芽叶的枝梢有三枝、四枝、五枝萌发，可以选择当中的枝梢长得修长挺拔的采摘。这是根据土壤条件，说明其与茶树新梢长度的关系，提出以新梢长度、长势作为采摘适度的标准。在茶园土壤肥沃、茶树生长旺盛的情况下，当新梢伸长到四五寸时，即采摘下来。这时，新梢已充分成熟，虽然茶叶中如纤维素等对品质不利的成分含量有所增加，而有利于品质的咖啡碱、儿茶素的含量有所减少，但由于饼茶在制造中要捣烂，饮用时要煎煮，梗子和叶片中所含的成分仍能被充分煎煮出来。因此，这种采摘标准是适合当时饼茶制作要求的。另外，对生长在土壤瘠薄、草木丛中的茶树，其芽叶、枝梢有强弱，发芽时间有先后，根据主枝和顶芽先发的特性，选择强壮的枝梢采摘，可做到先达标准的先采，未达标准的后采，这对茶树的生长和提高茶叶的产量与质量都是有利的。

采茶的天气十分讲究，雨天时不采，晴天多云时不采，最好是在晴朗的天气采摘，尤以有露水的早晨去采最佳。这些要求在今人看来或显严苛，如今对晴天多云不采已不再如此教条，而现代茶界普遍认为"凌露采焉"的露水叶品质未必上乘。但唐代蒸青杀青对鲜叶含水率的要求较现代炒青更为宽松，制茶标准随时代变迁而演进。但这一记载很可能表达了陆羽认为的唐代饼茶制作最为理想的一种状态。精于品茗者会理解，即使是同一块土地同一棵茶树上的茶叶，用同样的技术做成，因年份气候差异亦会呈现不同的风貌。这就是葡萄酒酿造文化中所说的"风土"。

二、蒸之——将采好的茶叶放入甑中，蒸透。《茶经》特别强调灶不要有烟囱，要使火力集中于锅底。釜要用有唇边的，防止流膏。所谓流膏就是因火候掌握不当而致茶汁流失。

皮日休的《茶中杂咏·茶舍》就表现了唐代蒸青的场景：

  阳崖枕白屋，几口嬉嬉活。

  棚上汲红泉，焙前蒸紫蕨。

  乃翁研茗后，中妇拍茶歇。

  相向掩柴扉，清香满山月。

诗中描写的茶舍是靠着山崖的茅屋作坊，有几个人在里面制茶，茶叶经过蒸青后，老翁把茶捣碎，中年妇女把茶拍成饼。忙到晚上茶叶加工完毕后，就把茶舍的门关上，这时整个山间都散发着茶叶的清香。另有《茶中杂咏·茶灶》：

南山茶事动，灶起岩根傍。
水煮石发气，薪然杉脂香。
青琼蒸后凝，绿髓炊来光。
如何重辛苦，一一输膏粱。

皮日休在诗中描述了建茶灶的地点，要建于茶山，依山傍石，就地制作，垒石为灶，伐杉为薪。蒸出茶汁的形态、色泽如青琼、绿髓。诗中对茶农的辛苦表达了人文关怀，他们的劳动成果自己难以享用，最终流入权贵阶层。

三、捣之——蒸好的茶叶入碓，用杵捣烂。碓以经常反复使用的为佳。捣的时候要注意力度合适，既要将叶片捣烂，又无损笋、芽的形状，可见要用巧劲。

四、拍之——拍茶成型。将承（或称为砧、台）下半截埋进土中，使它不能摇动。上面铺清洁的布，布上放茶模子，然后将捣烂的茶趁热、趁软放入模子里拍实成型。饼茶其实除了主流的圆形，还可以是方形、菱形或不规则形。茶拍成饼后倒出来，趁软用锥刀穿孔，放置在芘莉上晾置，挥发掉部分水分，使之不再变形。

其实拍这个动作的力量很小，不能与压相比。《茶经·三之造》最后一段提到"蒸压则平正，纵之则坳垤"。这说明拍茶其实就是压茶，但压的力量又不能太大，因为"纵之"就"坳垤"，导致饼茶凹凸不平。在八等饼茶中，除了"如陶家之子罗膏土以水澄之"以外，都是不平整的。所以，"拍之"的拍字用得颇为传神，概括了唐代饼茶制作的核心技法。实践过就会总结出经验，这拍压的力度究竟多大合适。

关于"规"的制作，《茶经》中没有标明其大小，但有饼茶重量的信息。参考其他文献，即可用饼茶的单位重量反推每片饼茶的重量，从而确定"规"的大小。

其实在穿孔与烘焙之间，还有解茶和贯茶的步骤：解茶是使饼茶分开，便于运送；贯茶是用贯把饼茶串起来。

五、焙之——晾过的饼茶以贯穿之，置入焙中。焙实际上是围有二尺矮墙的地下火炕，一般用热灰徐徐焙之，忌用明火。若逢江南的梅雨天，可酌情使用明火。火炕内设棚二层三档，依饼茶焙干的不同程度逐步升高。

皮日休也特别看重焙茶这一过程，《茶中杂咏·茶焙》用诗的语言叙述焙茶之法。所述茶焙的尺寸与《茶经》完全一致，也是深二尺左右，又讲了茶焙的功用：

凿彼碧岩下，恰应深二尺。
泥易带云根，烧难碍石脉。
初能燥金饼，渐见干琼液。
九里共杉林，相望在山侧。

陆龟蒙《奉和袭美茶具十咏·茶灶》聚焦蒸青环节，从茶灶的

形状描述蒸青茶过程,也是严格遵循《茶经》的技法:

> 无突抱轻岚,有烟映初旭。
> 盈锅玉泉沸,满甑云芽熟。
> 奇香袭春桂,嫩色凌秋菊。
> 炀者若吾徒,年年看不足。

诗中"无突"呼应《茶经》中的"灶无突",用没有烟囱的灶,在甑中蒸,满锅水开,满甑茶香,"云芽熟"描绘蒸青时茶叶的舒展,蒸透的青叶香如春桂,色如秋菊。作者很喜欢观看这种加工茶叶的场面,将制茶的劳作升华为审美体验,因而"年年看不足"。陆龟蒙还没写够,继而又写了《奉和袭美茶具十咏·茶焙》:

> 左右捣凝膏,朝昏布烟缕。
> 方圆随样拍,次第依层取。
> 山谣纵高下,火候还文武。
> 见说焙前人,时时炙花脯。

再谈焙茶的过程。焙茶人从早到晚都在做茶,他们把蒸好的茶叶放入碓中捣成膏,然后在育中焙火。诗中竟然连文武火的区别都写到了。北方多用文火,即含而不发,不起火苗、火焰的炭火。江南梅雨时节潮湿则可适当用武火。焙前要拍,焙时要翻动,视干燥情况由下层挪至中层或上层,徐徐焙之。制茶人如此辛勤劳作,却怡然自得,还愉快地唱着山歌。诗的最后两句加注云:"紫花焙,人以花为脯。"脯，即肉脯、肉干，脱水，以花为脯十分浪漫，唐人在采茶时顺便采来野花，在山上焙茶时与花同焙，以助茶香，或许是后世花茶工艺的萌芽。

谈焙茶还有唐代顾况的《焙茶坞》一诗：

新茶已上焙，旧架忧生醭。
旋旋续新烟，呼儿劈寒木。

这首小诗也为《茶经》中的焙茶环节提供了一点补充，就是焙茶以前要做好两件事：一是焙茶用的棚要擦洗干净，二是焙茶用的柴需要劈成小块。

六、穿之——以竹子或榖树韧皮制成的"穿"，将饼茶连成串，每串为一穿，规格因地域而异。据《茶经》记载，江东地区以重量计穿（一斤称为上穿，半斤称为中穿，4两、5两称为小穿）。峡中地区则以数量计穿（120片为上穿，80片为中穿，50片为小穿）。值得注意的是据童正祥考证，宋刊本《茶经》中关于峡中地区穿的大小，是刊刻者误将"片"字刻成了"斤"字，导致后世对其规制的误解。失之毫厘，谬以千里。

考唐朝"斤"的重量，据度量衡专家丘光明测算，每斤平均值为661克，可作为唐代一斤量值的参考。隋唐史专家胡戟认为《新唐书·食货志》记载开元通宝十个钱为两，取西安渔化寨新出土的开元通宝中比较好的十个称一下，总重42.5克，唐一斤为16两，42.5克乘16等于680克。综上所述，唐朝的"一斤"相当于现在的660—680克。

这样，若江东以"一斤为上穿，半斤为中穿，四、五两为小穿"，按照每个饼茶 6 克左右，那么，其上、中、下穿的饼茶数分别为 110、50 和 30 个；若按单饼 8 克左右计，上穿为 80—90 个，中穿为 40—50 个，小穿为 20—30 个。而峡中饼茶是以 120 片为上穿，80 片为中穿，40—50 片为小穿，则每片 5.5—5.8 克。两地大、中、小穿饼茶的个数与重量差别不大。只是江东以斤计穿，峡中以片论穿。前者界定了穿的重量，后者诠释了穿的数量，虽地域有别，但规制相当。

毛文锡《茶谱》（935 年撰）记载：

> 彭州有蒲村、堋口、灌口，其园名仙崖、石花等，其饼茶小，而布嫩芽如六出花者，尤妙。
>
> ……
>
> 渠江薄片，一斤八十枚。

由此可知，当时四川地区的饼茶的确较小。而湖南安化（现安化县渠江镇）的饼茶稍大，每个相当于 8 克左右。

因此，参考《茶经》和《茶谱》，天门市陆羽研究会、陆子茶道院将规的标准形制非常慎重地确定为直径约 5.5 厘米，厚约 0.5 厘米。这一尺寸既符合"胡人靴者蹙缩然"的形态描述，也与法门寺地宫出土的唐代茶碾（槽宽 12 厘米）的适配性相呼应。

七、封之——把成品饼茶放入育中保存起来。

学者对封茶有不同的解释：一种认为封是计数；一种认为封就是用某种材料包装，比如卢仝《走笔谢孟谏议寄新茶》诗中的"白绢斜封三道印"；另一种认为封是封藏，强调因为在封藏的时候可能遇到梅雨季节，还须放在育内复烘。或许几种意思兼而有之。

《茶经·三之造》在讲完"七经目"制茶的七个步骤之后，重点写了对唐代饼茶的鉴别。

饼茶从像胡人的皮靴到像霜打过的荷叶，分为八等，形态万千。粗略地说，有的像胡人皮靴，皱纹很多；有的像野牛胸部，棱角整齐；有的像浮云出山那样卷曲；有的像轻风拂水，微波荡漾；有的像陶工的澄泥，坚实平滑；又有的像新开垦的土地被暴雨冲刷过似的斑驳不平。这些都是精美的高档茶。而有的像笋壳，枝梗坚硬，很难蒸捣，形状像有孔的筛子；有的像霜打过的荷叶，已经变形，外表干枯瘦薄。这些则都是粗老的低档茶。

陆羽批判了两种极端的饼茶品质的鉴别方法：第一种以为外形光、黑、平正，就说品质优异，这是最差的鉴别方法。另一种以为外形皱、黄、凹凸不平，就说品质优良，这是较次的鉴别方法。能全面指出上述标志的优点和缺点的，才是最好的鉴别方法。为什么这样说呢？因为已经压出汁液的茶表面就光润，而含有汁液的则皱缩；过夜制造的色黑而当天制成的则色黄；蒸压得实就平整，而压得不实的则凹凸不平。关于这一点，茶和其他草木叶的情况是一样的。对于茶叶品质的好坏，另有口诀。然而陆羽所说的"另有口诀"却在《茶经》中再未提起，已失传，成为茶业未解之谜。

后世茶人多认为《茶经》中对关键工艺参数记载较简略，比如关于蒸与焙的时间和温度、陈化时间，以及各个工序的掌握方法，都未作详细说明。

本书重点探讨唐代"七经目"制茶法，在复原《茶经·二之具》

中的制茶用具的基础上，通过反复进行饼茶制作积累经验，最终结合《茶经》文本将制作工序整理如下：

一、采集茶叶。采茶时节在农历二至四月的晴天，不能有云、有雨。采摘标准为长四五寸，如薇蕨始抽，有三叶、四叶、五叶的青叶，既有茶芽又有茶梗。若选用纯芽头，易出现炙茶时饼茶难以烤出蛤蟆背状的小泡，茶味寡淡，不耐煎煮等问题；而用枝叶过多的青叶会导致茶味苦涩、汤色过深。

二、蒸汽杀青。蒸杀在柴灶的甑釜中进行。将系绳蒸箅装上茶叶入甑杀青。要根据灶火、气温等多方面的情况来把握杀青的时间。为尽量减少多酚类物质的氧化和叶绿素的流失，我们采用江汉平原蒸菜时用的甑，蒸青时间3—5分钟。需保持锅中有足够的水和足够的蒸汽，一次将茶叶蒸熟，防止夹生。

三、蒸后捣杵。将蒸杀后的茶叶摊开晾凉后置于石臼内，用木杵捣杵。捣杵的作用是让茶叶中多糖类的果胶、淀粉、纤维素及黏多糖等成分析出，形成黏结剂，在饼茶的成型过程中发挥作用。捣杵时使蒸杀好的茶叶微微发黏即可：过烂会导致饼茶难以烤制出蛤蟆背状的小泡；而捣杵不足，则会导致饼茶难以成型，且煮制出来的茶汤味道寡淡。

四、拍制成饼。用铁皮制成的规，为圆形、方形或花形。直径约5.5厘米，高约0.5厘米。将蒸捣过的茶叶放进规中拍实成型，压紧压平，尽量均匀，并趁饼茶湿软时用木质棨锥在饼茶中心穿孔，以方便后续工艺穿入竹贯烘焙。

五、烘焙至干。将成型后的饼茶平铺于篾制的竹箄上进行烘干。焙茶要使用专门的焙：凿地深二尺，阔二尺五寸，长一丈，四周砌二尺矮墙并敷泥。首先,焙至表面干燥不粘手,表面由浅绿变成墨绿。然后用竹制的贯签将初干的饼串起来放到木构的棚栈上,将饼茶慢慢烘焙干。温度太低难以烘干,温度太高会使饼茶干裂焦糊。须控制温度由高至低,才能干而不裂。

六、穿之成串。用细篾条将饼茶按计量穿成串:120片为大穿,80片为中穿,50片为小穿。放入竹制的藏茶笼中。

七、封之以干。将成穿的饼茶放入育中,用没有火焰的暗火,保持较低温度微烘,以便将饼茶缓慢烘干后收藏。

第四章
煎茶二十四器的复原与解读

第一节　煎茶二十四器

一、风炉（灰承）

　　风炉以铜铁铸之，如古鼎形，厚三分，缘阔九分，令六分虚中，致其杇墁（wū màn）。凡三足，古文书二十一字。一足云：坎上巽（xùn）下离于中；一足云：体均五行去百疾；一足云：圣唐灭胡明年铸。其三足之间，设三窗，底一窗以为通飙漏烬之所。上并古文书六字，一窗之上书"伊公"二字，一窗之上书"羹陆"二字，一窗之上书"氏茶"二字，所谓"伊公羹，陆氏茶"也。置墆㙚（dì niè）于其内，设三格：其一格有翟（dí）焉，翟者，火禽也，画一卦曰离；其一格有彪焉，彪者，风兽也，画一卦曰巽；其一格有鱼焉，鱼者，水虫也，画一卦曰坎。巽主风，离主火，坎主水，风能兴火，火能熟水，故备其三卦焉。其饰以连葩垂蔓曲水方文之类。其炉，或锻铁为之，或运泥为之。其灰承，作三足，铁柈抬之。

　　风炉以铜或铁铸成，形状像古鼎，炉壁厚三分，边缘宽九分，炉子中间留出六分空间，涂满泥粉。炉有三只脚，用古文刻有二十一个字。一足刻："坎上巽下离于中。"一足刻："体均五行去百疾。"一足刻："圣唐灭胡明年铸。"炉子三足之间开三个孔，底

071

部的孔洞用于通风漏灰。上面用古文刻着六个字，一个窗上刻"伊公"二字，一个窗上刻"羹陆"二字，一个窗上刻"氏茶"二字。连起来就是"伊公羹，陆氏茶"。

在炉腔内放燃料的架子分为三格：一格刻有翟，翟是一种火禽，旁边画一个离卦；一格刻有彪，彪是风兽，再画一巽卦；一格刻有鱼，鱼是水虫，画上坎卦。巽表示风，离表示火，坎表示水。风能助火烧旺，火能把水煮开，所以要设置这三卦。炉身用莲花、藤蔓、流水、方形花纹等图案装饰。风炉有用熟铁打造的，也有用泥巴制作的。灰承，是一个有三只脚的铁盘，用来承接炉灰。

风炉是唐代煎茶器中极为重要的一件。

其实，风炉的器型原本是一种朴实的圆筒状，与20世纪90年代还在普遍使用的煤球炉以及潮州工夫茶用的红泥风炉区别不大。这可以从几种出土文物的器型上看出来。

20世纪50年代在河北省唐县出土了一组五代时期的明器，现藏于中国国家博物馆。其中有一尊高十厘米的瓷人，据孙机先生考证为茶神陆羽像，所展书卷正是《茶经》，其中可以看到风炉的造型。

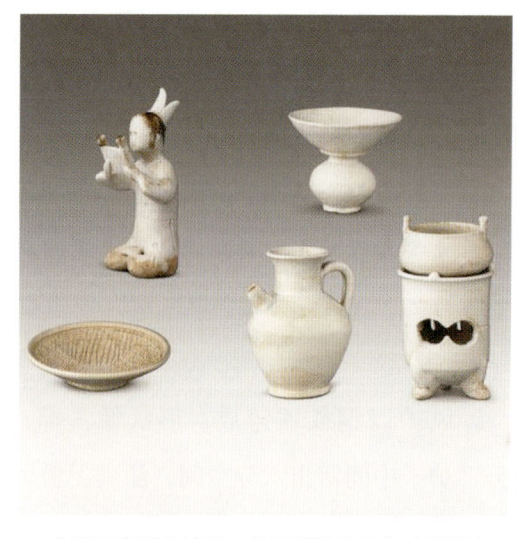

中国国家博物馆藏五代风炉及陆羽像（明器）

第四章　煎茶二十四器的复原与解读

台湾自然科学博物馆收藏了一组十二件石雕唐代茶器（明器），其中的风炉同样是圆筒柱状的，有一对兽耳，下方配有带三足的灰承。

台湾自然科学博物馆藏唐代风炉（明器）

2015年河南巩义一座晚唐墓中出土了唐三彩陆羽煮茶像，伴随陆羽像出土的还有茶碾、茶罐、执壶、茶盂、风炉、茶鍑等一套三彩茶器（明器），且这些茶器都能从《茶经·四之器》中找到原型。其中的风炉造型与陆羽所述"其饰以连葩垂蔓曲水方文之类"颇为吻合，其上的茶鍑也符合"方其耳，广其缘"的特征。然而，此风炉依然呈圆筒形，并非鼎状。

河南巩义晚唐墓出土唐三彩陆羽煮茶像及风炉

唐代画家阎立本《萧翼赚兰亭图》虽然是宋人摹本，但亦是目前所见最早反映唐代煎茶盛景的画作。画中所绘茶炉，形状与陆羽所述的风炉大致相同，都是三足、直身、底部有一个风口，口缘处有三个距离相等的支座，可将茶釜置于其上。

《萧翼赚兰亭图》（局部）中的风炉

而陆羽在《茶经·四之器》中着力塑造的风炉是一件特殊的器物，甚至可以说是陆羽理想中的风炉，他将其命名为"陆氏鼎"。

鼎，商周时期的煮食器。《曹刿论战》说"肉食者鄙"，实际上用鼎烹肉的人都属于显贵阶层，进而鼎乃成国之重器，也是祭祀神灵与祖先的一种重要礼器，成为国家政权的象征，聚天命，系人心。与鼎字有关的词语都很重，如问鼎、扛鼎、鼎盛、一言九鼎、大名鼎鼎等。

第四章　煎茶二十四器的复原与解读

陆羽突发奇想，将风炉设计成鼎的形制来烹茶，是想把陆子煎茶提升到国家层面，用重器彰显国饮。

风炉上有"坎上巽下离于中"，按《周易》的解释，坎主水，巽主风，离主火。煎茶之水放于上，风从下面吹入，火在中间燃烧。这是自然之道，也是君子之道。君子应像鼎那样端正而稳重，以此实现价值。在更深的层面上，坎、巽、离也可以解读成，一个人经过了险阻而能定心，找到适合自己的道路，虽不能做出惊天动地的大事，却能守住一方天地，勉力成就自己。

对《周易》的熟悉又让陆羽赋予了茶革故鼎新的意义，新的时代有新的追求。"圣唐灭胡"（平定安史之乱）获得胜利，家国安定，茶税成为国家税收来源之一，天下饮茶人越来越多，烹茶品茗能"体均五行去百疾"。五行，金木水火土，所谓循环相生，洗涤、祛除陈旧与污垢，留下清、洁的气象，人的精神就在其中。

"坎上巽下离于中"说的是煎茶之道，是天地自然之道；"体均五行去百疾"说的是饮茶对身体的好处，可以修养调解身心；"圣唐灭胡明年铸"寄托的是家国理想，是茶圣的世界观与天下观。

陆羽还在自己打造的风炉上铸出"伊公羹"与"陆氏茶"，他认为自己所煎的茶是可以与"伊公羹"相媲美的。伊公就是伊尹，是商汤的授业恩师，奠定商朝基业的国相。伊尹这个人，因为《本味篇》成为华夏的民间厨神，他拿厨房厨料来言说政治。老子后来总结说"治大国，若烹小鲜"，庄子说"庖丁解牛"之类，都是借厨房来总结自伊尹以来的美食、政治与人生。

华夏饮食，饮在食前。对后世影响至深的，莫过于厨神伊尹的《本味篇》，陆羽的《茶经》成书后，与伊尹一起奠定了中国人的生活格局。

  然而，历史上陆羽究竟是将"陆氏鼎"真正铸造完成，还是仅停留于设计图纸的构想阶段？这个答案还有待进一步探寻。然而，后世不少学人根据陆羽的描写对"陆氏鼎"进行了绘制。流传最广的是春田永年（1753—1800）绘制的《二十四器图》，图的原名叫"茶经中卷·茶器图解"，被收录于日本学者布目潮沨所作《中国茶书集成》。同样被收录于这部书中的还有一位没有留下名字的日本人绘制的《茶经图考》。《中国茶书集成》不仅有《茶经》中关于"四之器"的图，还有"二之具"的图。

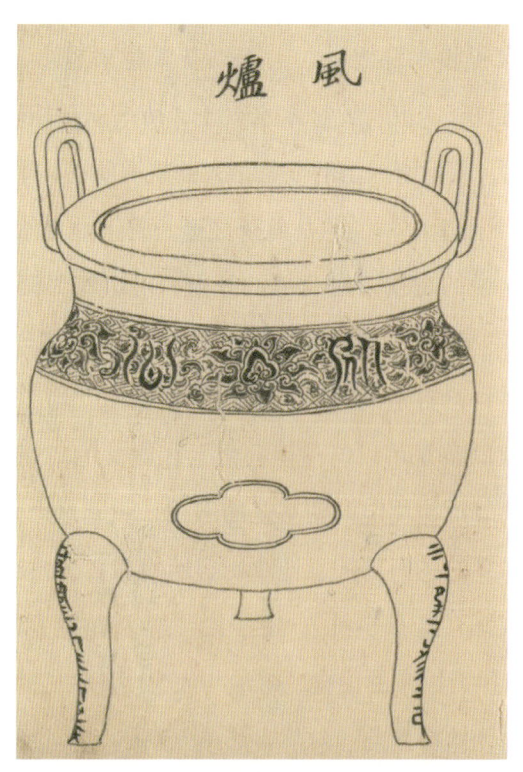

[日]春田永年《茶经中卷·茶器图解》中的风炉

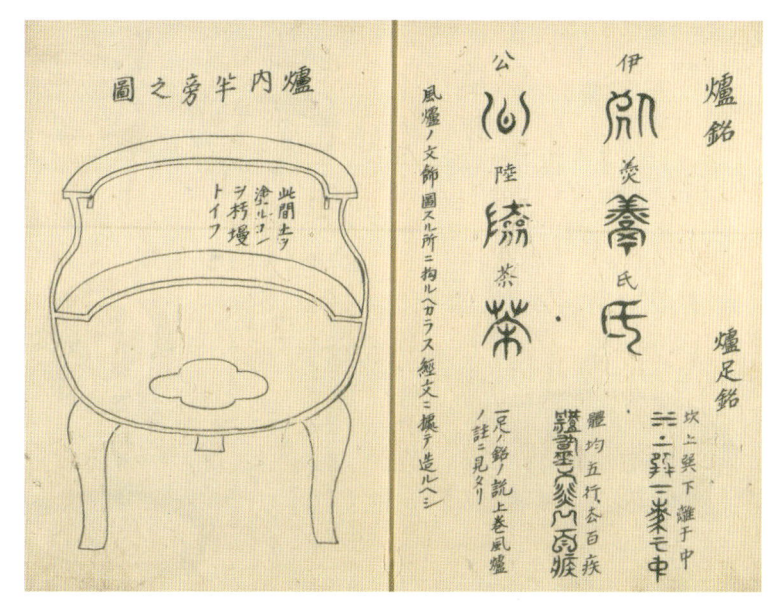

第四章　煎茶二十四器的复原与解读

[日]春田永年《茶经中卷·茶器图解》中风炉的内部结构及铭文

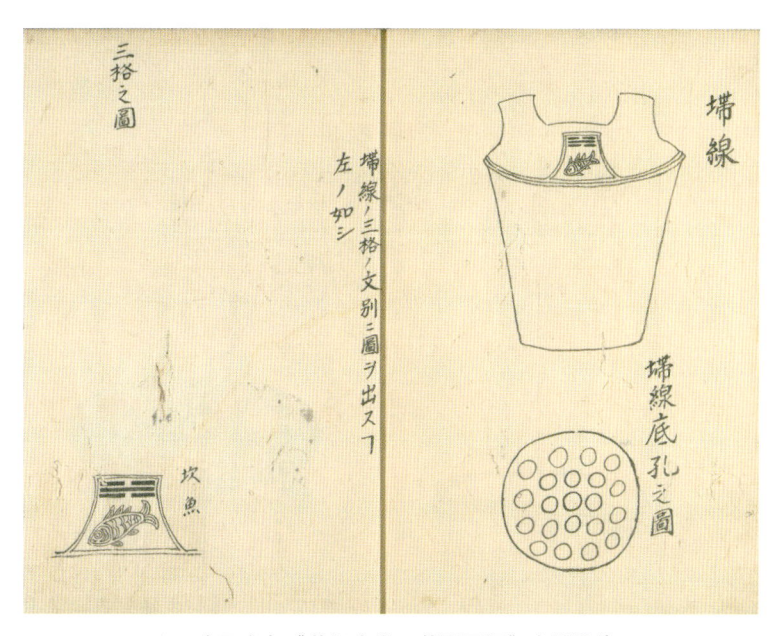

[日]春田永年《茶经中卷·茶器图解》中的墆㙜

[日]春田永年《茶经中卷·茶器图解》中的灰承

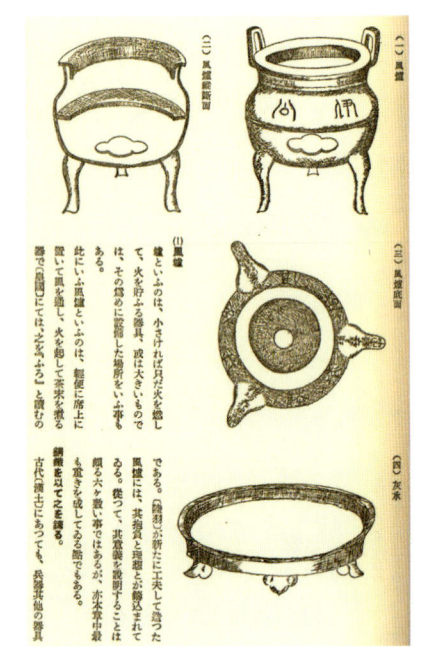

诸冈存《茶经评释》中手绘的风炉

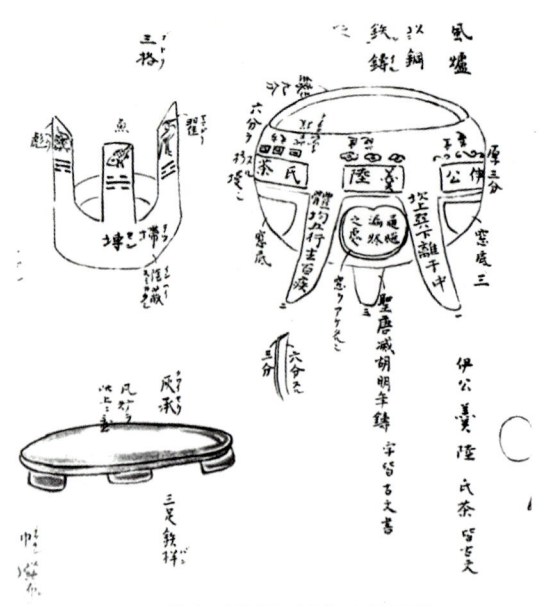

[日]佚名《茶经图考》中的风炉

第四章 煎茶二十四器的复原与解读

诸冈存《茶经评释》中手绘的墆㙞

风炉、墆㙞与灰承

陆氏鼎

茶圣的绝学——陆子煎茶法

陆氏鼎足上的铭文

墆㙪上的卦：巽表示风，离表示火，坎表示水

水虫鱼 　　　火禽翟 　　　风兽彪

二、筥

筥，以竹织之，高一尺二寸，径阔七寸，或用藤作木楦，如筥形织之，六出圆眼，其底盖若利箧（lí qiè）口铄（shuò）之。

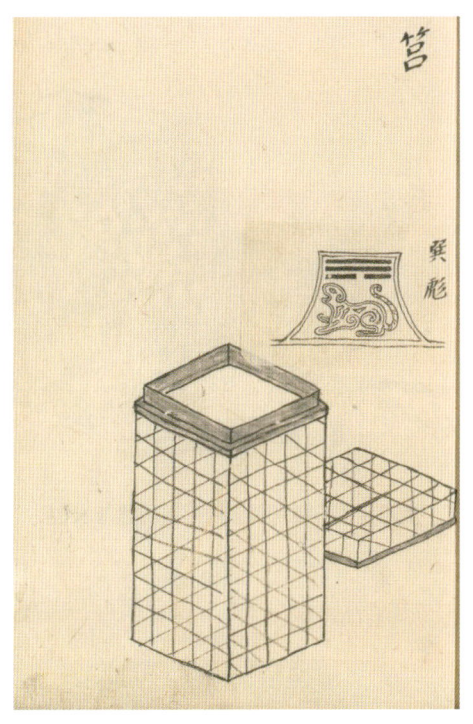

[日] 春田永年《茶经中卷·茶器图解》中的筥

古时的竹制容器，方形的被称为筐，圆形的被称为筥，而且陆羽已明确给出"径阔"，也就是直径大小，由此可以推断炭筥为圆形，高一尺二寸，直径七寸。筥和远古时期的"箧"，在底部和口部有相似之处。过去的箧最特别的地方，就是在底部有用宽竹板制成的底座。这也容易解释，筥本就是用来装易受潮的木炭的，因此

081

在底部有足，以避免筥底接触地面受潮。一般用筥盛放其他物品时是不加盖的，但为了防潮和便于放入都篮之中，炭筥一定要加盖。盖子的形状和古时嵌入式锅盖一样。综上所述，炭筥的造型也就映入眼帘了：圆体、直身，底部有圈足，口部配有嵌入式盖子。

楦，明代嘉靖年间吴旦刻本《茶经》解释其为"箱"的古字。

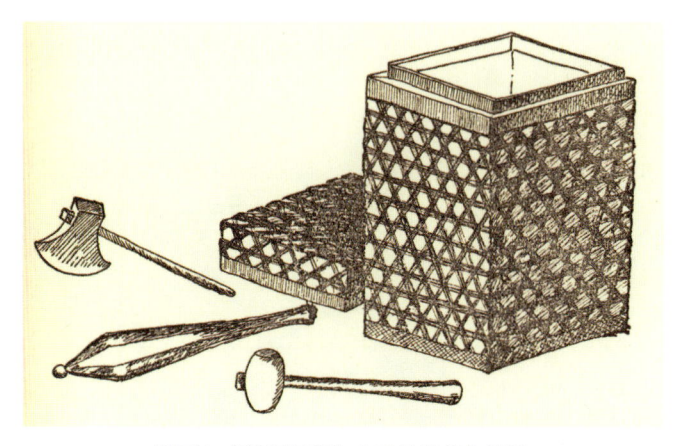

诸冈存《茶经评释》中手绘的筥与炭挝

筥

三、炭挝

炭挝（zhuā），以铁六棱制之，长一尺，锐上丰中，执细头系一小镊（zhǎn），以饰挝也，若今之河陇军人木吾也。或作锤，或作斧，随其便也。

煮茶的过程中，要把整块木炭击碎来使用，因此要用到一种敲击工具。实际上这种工作用锤子、斧头都可以完成，但喝茶本是雅事，抡斧之举未免煞风景，因此人们发明了比较精致的炭挝。它仿效河陇地区军人所用的武器，制成六棱形的铁棒，长一尺，头部尖，中间粗，握处细，握的一端套一个小环作为装饰。以此物敲炭，也颇具美感。

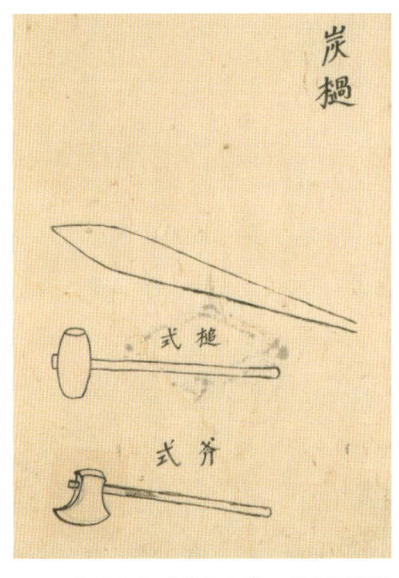

[日]春田永年《茶经中卷·茶器图解》中的炭挝

炭挝

四、火筴

火筴，一名筯（zhù），若常用者，圆直一尺三寸，顶平截，无葱台勾锁之属，以铁或熟铜制之。

火筴，又名筯，就是平常用的火钳。它呈圆直形，长一尺三寸，顶端平齐，没有像葱台、钩锁之类的圆形、弧形装饰，由铁或熟铜制成。台指花蕾，葱台就是葱骨朵。

火筴和炭挝、炭树一样，是煮茶时烧炭的工具。火筴原本叫火筯（筯即箸），也就是筷子。据《广东新语》记载，"疍人谓箸曰梯"，古代"疍人"指的是浙江、福建、两广的水上居民，这些地方的居民非常忌讳在船上说"住"，因此与这一发音相同的字都用别的字代替。原本的"箸"换成了"筷"，火筯（箸）也变成了火筷，或者火筴。同时这些地方也是茶叶的盛产区，这样改换的名词很快流传开来，成为通用的叫法。

这种夹炭的工具重在实用，古人在其制作工艺上也是以简单实用为主。尽管陆羽一再强调，不需要在这么简单的器具

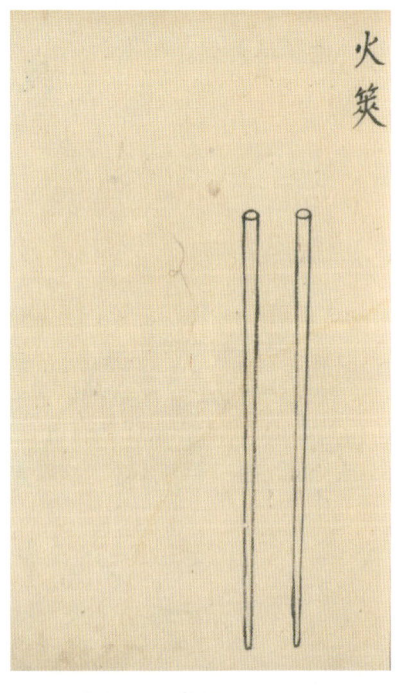

[日]春田永年《茶经中卷·茶器图解》中的火筴

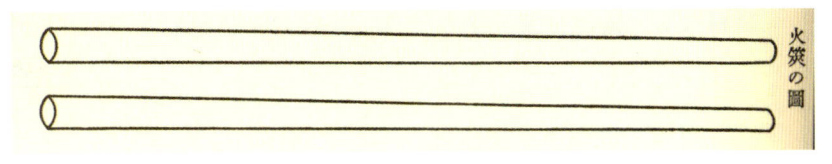

第四章　煎茶二十四器的复原与解读

诸冈存《茶经评释》中手绘的火䇲

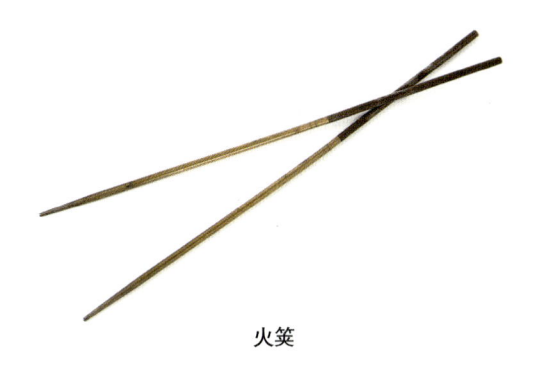

火䇲

上雕饰葱台、钩锁之类的东西，但一些讲究的茶人，还是会对它加以装饰。陕西扶风法门寺地宫里出土的宫廷茶具中，就有一个系着银链的火筯，顶端雕有花纹，风格华贵，做工精致。相较之下，陆羽对茶器的设计秉持的则是简约主义风格。

五、鍑

鍑（fù），以生铁为之。今人有业冶者，所谓急铁，其铁以耕刀之趄（jū），炼而铸之。内摸土而外摸沙。土滑于内，易其摩涤；沙涩于外，吸其炎焰。方其耳，以正令也；广其缘，以务远也；长其脐，以守中也。脐长则沸中，沸中则末易扬，末易扬则其味淳也。洪州以瓷为之，莱州以石为之，瓷与石皆雅器也，性非坚实，难可持久。用银为之，至洁，但涉于侈丽。

雅则雅矣，洁亦洁矣，若用之恒，而卒归于铁也。

锼音同辅，也作釜，或作鬴，用生铁制作。生铁是现在冶炼人所说的急铁，将用坏了的犁刀之铁炼铸成锼。内模抹泥，外模抹沙。土制内模，使得锅内壁光滑，容易擦洗；外面抹上沙，使得锅底粗糙，利于受热。

锅耳做成方形，以此象征端庄方正；口沿要宽，以此象征高远开阔；锅的脐要做得长些，以此象征守正居中。

锅底脐部突出，水就在锅中心沸腾；水在中心沸腾，茶沫就易于升腾；茶沫易于升腾，则茶味就更加醇美。

洪州：唐代的州名，古时指江南道和江南西道，今江西南昌一带。莱州：唐代的州名，由汉代的东莱郡演变而来，在今山东莱州市一带。

洪州用瓷制锅，莱州用石制锅。瓷锅和石锅都是雅致美观的器皿，但不坚固，难以长久使用。用银做锅，非常清洁，但不免过于奢侈华丽。它们确实雅致清洁，但从耐久实用的角度来说，还是铁制的为佳。

除了陆羽所列举的，在耀州窑出土的唐代陶瓷中，还有很多陶茶锼。锼在日本茶道中一直被使用，但日本的茶锼只用于煮水，并不向内投茶，器形往往是肚大口小，与陆子煎茶法中的锼差别较大。

值得说明的是陆羽在对茶锼的制作进行解析时，"方其耳，以正令也；广其缘，以务远也；长其脐，以守中也"。是以陆子自居，希望通过器物来阐发儒家之道。他将茶锼的形制比喻成君子的立

第四章　煎茶二十四器的复原与解读

身处世之道。因此，将陆氏鼎与茶镬组合起来看，正是陆羽的世界观、人生观、价值观的体现。

[日]春田永年《茶经中卷·茶器图解》中的镬

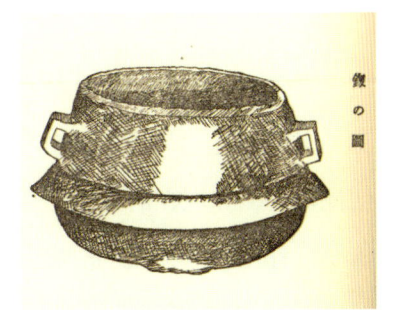

诸冈存《茶经评释》中手绘的镬

风炉上的镬

方其耳，广其缘，长其脐

六、交床

交床，以十字交之，剜中令虚，以支鍑也。

交床，取十字交叉的木架，把中间挖空些，用来放置茶锅。

交床亦称"胡床""交椅""绳床"，是古时候一种能够折叠的便捷坐具，和现在的马扎相似。汉代时，胡人有一种行军时常带的椅子，称之为"床"。它便于携带，后来专为将军所用，成为权力的象征，名之"交椅"。

古时候"床"的含义宽泛，它不仅可以供人睡眠，还可用于坐或陈列物品。胡床或交床就具备这样的功能。唐宋时期还习惯把放茶器的器具叫茶床或矮桌。

用于煮茶的"交床"制作方法和火盆架的制作方法相同，它是由真正的交床改装而来的。唐代时茶釜无柄且底部圆而略尖，釜中水沸后须从风炉上移开，故而要有一个支架。

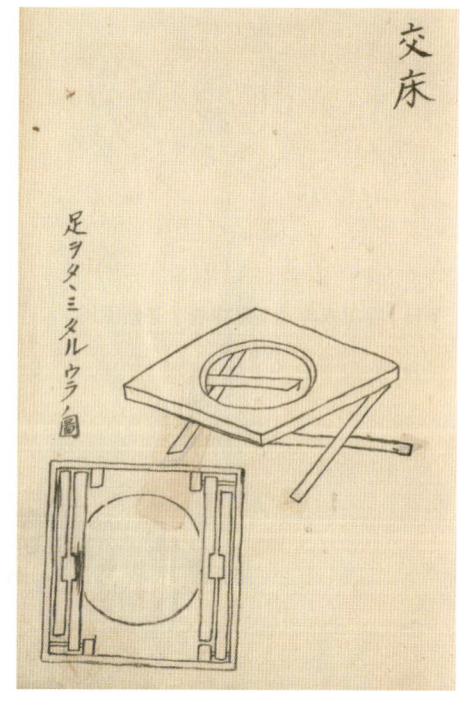

[日]春田永年《茶经中卷·茶器图解》中的交床

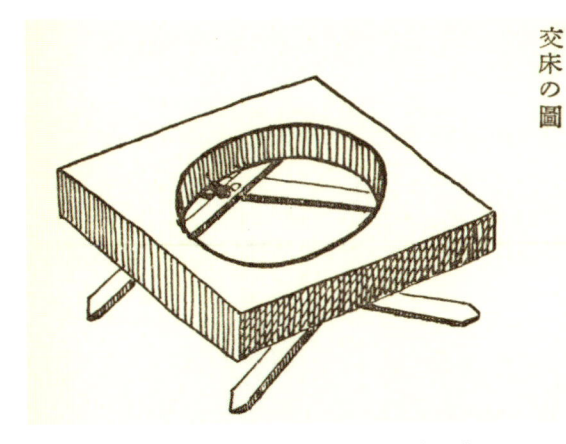

第四章　煎茶二十四器的复原与解读

诸冈存《茶经评释》中手绘的交床

交床

鍑置于交床上

089

七、夹

夹,以小青竹为之,长一尺二寸。令一寸有节,节已上剖之,以炙茶也。彼竹之筱(xiǎo),津润于火,假其香洁以益茶味,恐非林谷间莫之致。或用精铁、熟铜之类,取其久也。

夹,用小青竹制成,长一尺二寸。在每一寸有竹节处,自节以上剖开,用来夹着饼茶在火上烤。小青竹在火上会渗出竹液,借它的香气来增加茶的香味,恐怕这也只有在山林间才能做到。也有用精铁或熟铜制作的,取其耐用的特点。

炙茶主要盛行于唐代,到宋代基本被废弃了。炙茶是饮用前对饼茶的一次再加工。其目的是烘干饼茶在存放过程中吸收的水分,通过火的温度把茶本身的香气激发出来。

炙茶时须用文火,火力一定要均匀,不能在有风的地方烘烤。炭火的火力大小适当后,要用茶夹夹着饼茶靠近火苗,用最快的速度进行翻烤。等饼茶表面出现一些小疙瘩时,把饼茶稍微离

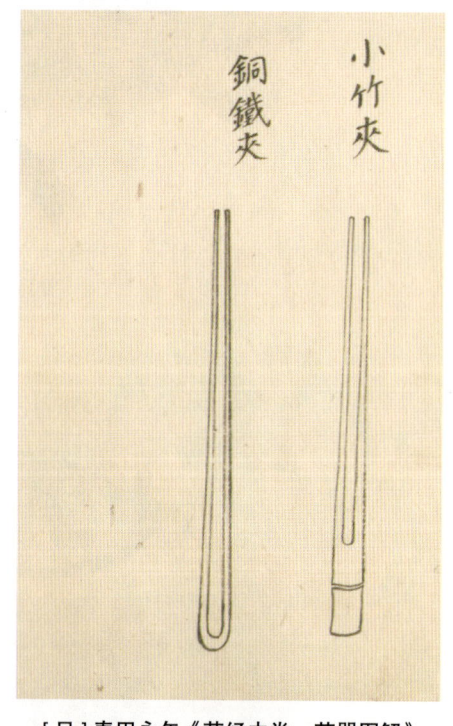

[日]春田永年《茶经中卷·茶器图解》中的夹

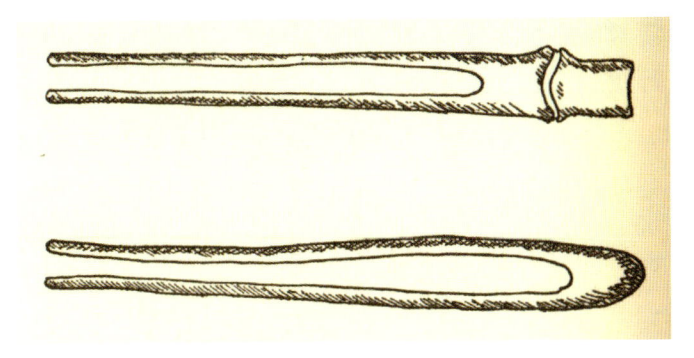

第四章　煎茶二十四器的复原与解读

诸冈存《茶经评释》中手绘的夹

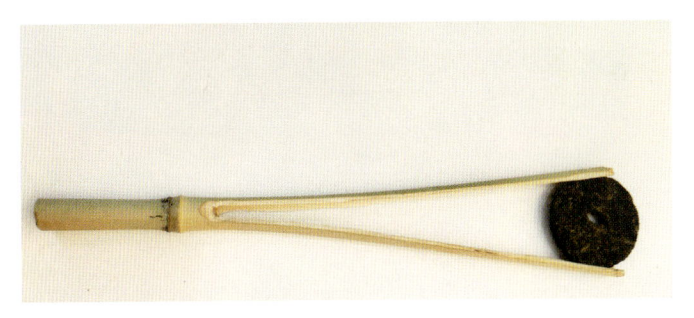

小青竹夹

开火苗继续翻烤。此时饼茶和火苗的距离保持在五寸最好。一直烤到饼茶中有热气冒出，且有茶香飘出来为止。

八、纸囊

纸囊，以剡（shàn）藤纸白厚者夹缝之，以贮所炙茶，使不泄其香也。

纸囊，用两层既白且厚的剡藤纸缝制而成，用来存放烤好的茶，使香气不散失。

炙烤完的饼茶，要趁着热气和茶香溢出时，放在特制的纸袋中。这样做可以让"精华之气，无所散越"，之后饼茶渐渐冷却，就可以碾成末状来煮饮了。剡藤纸是唐代的一种贡品，产于浙江剡溪，以藤为原料制成。

[日]春田永年《茶经中卷·茶器图解》中的纸囊

纸囊

九、碾（拂末）

　　碾，以橘木为之，次以梨、桑、桐、柘（zhè）为之。内圆而外方。内圆备于运行也，外方制其倾危也。内容堕而外无余木。堕，形如车轮，不辐而轴焉。长九寸，阔一寸七分，堕径三寸八分，中厚一寸，边厚半寸，轴中方而执圆。其拂末以鸟羽制之。

　　茶碾，最好用橘木制作，其次用梨木、桑木、桐木、柘木。其形状内圆外方，内圆便于运转，外方则能防止翻倒。槽内刚好放得下一个堕，再无空隙。堕，形状像车轮，只是没有车辐，中心有轴。轴长九寸，宽一寸七分。堕直径三寸八分，中间厚一寸，边缘厚半寸。轴中间呈方形，手握处为圆形。拂末，用鸟的羽毛制成。

　　茶碾由碾槽和堕两部分构成，与现在仍可在中药店里见到的药碾颇为相似。当然，茶本身也是一味药材。药碾大多是以铜、铁等金属制成，而《茶经》中记载的茶碾则是木制的，规格也比药碾小。然而，唐代流行使用木质茶碾这一情况，大约只能见诸《茶经》。木材易腐，难以存世千年。如今能看到的唐代茶碾多是瓷质碾、石碾及金银器碾。

　　宋代的蔡襄在《茶录》中提出，茶碾应该用银或铁制造，宋徽宗在《大观茶论》中说得更为具体："碾以银为上，熟铁次之，生铁者非掏拣捶磨所成，间有黑屑藏于隙穴，害茶之色尤甚。凡碾为制，槽欲深而峻，轮欲锐而薄。槽深而峻，则底有准而茶常聚；轮锐而薄,则运边中而槽不戛。"至于范仲淹《斗茶歌》中所写的"黄金碾畔绿尘飞"中的碾是不是真用纯金打造就不得而知了。然而法门寺地宫出土的唐代银鎏金茶碾的确配得上这句诗中的描述。

宋代梅尧臣的《宋著作寄凤茶》诗中则有"石碾破微绿,山泉贮寒洞"之句。这说明人们从实践中已逐步认识到木质的茶碾太轻,不适宜碾茶。但陆羽也有他的考量,木质茶碾轻巧,才方便携带。

瓷质的茶碾留存下来的不少,如耀州窑唐代层中曾发现一件刻着"李万"二字的陶茶碾。可见,唐代的茶碾不仅在市场上销售,还可以私人定制。

拂末是茶碾的辅助用器,在碾茶完成后,将茶末子从碾槽中扫出。拂末用鸟的羽毛制成,这种习惯还保留在日本茶道当中。而中国从宋代开始,由于茶粉研磨得更加细腻,一般用棕刷才能将茶粉从茶磨上刷下来。

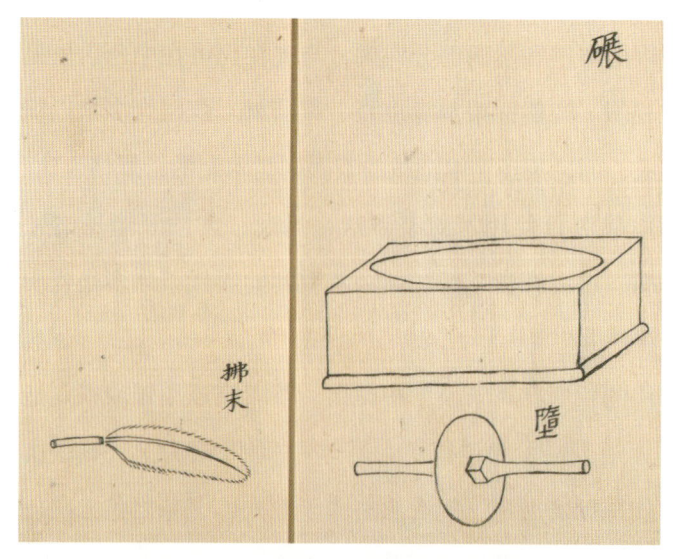

[日]春田永年《茶经中卷·茶器图解》中的碾与拂末

第四章 煎茶二十四器的复原与解读

诸冈存《茶经评释》中手绘的碾与拂末

碾

拂末

095

十、罗合

> 罗末以合盖贮之，以则置合中。用巨竹剖而屈之，以纱绢衣之。其合以竹节为之，或屈杉以漆之。高三寸，盖一寸，底二寸，口径四寸。

罗即罗筛，合即盒。罗筛出的茶末放在盒中盖紧存放，把量器"则"也放在盒中。罗用大竹剖开弯曲成圆形，安上纱或绢。盒用竹节制成，或用杉树片弯曲成圆形，涂上油漆。高三寸，盖一寸，底二寸，直径四寸。

饼茶在碾过以后要经过罗这一工序，才能使茶末不致过粗。所谓罗，既是一个筛子，也是筛茶末的动作。茶末经过罗，落到合里的才适宜用以煮茶。罗与盒其实是筛子和底盘及盖子的组合，犹如现在的标准筛。罗的边框是竹制的，罗网则用纱或绢，盒是以竹节做成，罗在盒内，很卫生。

茶末要通过绢的孔眼，不是一件容易的事，关键在于要把饼茶烤得恰到好处，既要把水分基本去掉，又不能烤焦，烤后的饼茶要放入纸囊，避免其吸收空气中的水分。

关于这个罗的细密程度是一个关键问题。因为《茶经·四之器》中陆羽只是说，罗是一种很小的筛子，口径（直径）仅四寸，但他并没有说罗所选用纱或绢的孔眼大小。

其实中国古代的茶书中，陆羽的《茶经》已经是"定量分析"比较具体的一部了。同样的情况到了宋代茶书中，仍然需要以描述性的语言来推敲。蔡襄的《茶录》中说："茶以绝细为佳，罗底用蜀东川鹅溪画绢之密者",宋徽宗的《大观茶论》说:"罗欲细而面紧,则绢不泥而常透"。可见宋代的罗要非常密,筛成的茶粉才够细。但唐代则不然,虽然唐宋都采用末子茶法,但粗细差别显著。宋代点茶用的是茶粉,越细越好;唐代煮茶用的是茶末,反而不能太细。正如《茶经·五之煮》中所说:"末之上者,其屑如细米","六之饮"一章中又说:"碧粉缥尘,非末也"。可见陆子煎茶法中罗上的纱、绢经纬间的孔眼是比较疏朗的。我们只要亲身实践就会明白,如果把过细的茶粉投入锅中,茶粉反而会抱团结块。所以煮茶的末子应该有些像现代的红碎茶。然而究竟细碎到何种程度,不同的实践者会有不同的微妙见解。

相反,陆子煎茶法中对茶末的要求则是不宜太细,假如把茶末碾成了茶粉,投入沸水时茶粉容易凝结,不能立刻散开,因此罗以竹编网筛足矣。

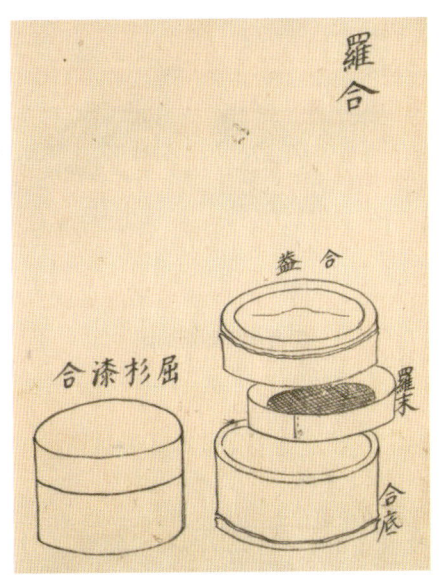

[日]春田永年《茶经中卷·茶器图解》中的罗合

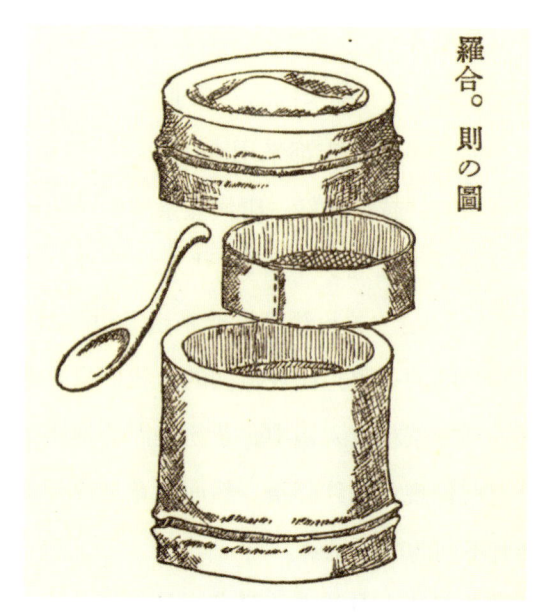

诸冈存《茶经评释》中手绘的罗合与则

罗合与砗磲制的则

十一、则

则,以海贝、蛎、蛤之属,或以铜铁、竹匕、策之类。则者,量也,准也,度也。凡煮水一升,用末方寸匕,若好薄者

第四章 煎茶二十四器的复原与解读

减，嗜浓者增，故云则也。

则，用海贝、蛎、蛤之类，或用铜、铁、竹等制成的汤匙。则的核心功能是确立茶末投放的量化标准。一般说来，烧一升的水，用一方寸茶末。如果喜欢味道淡点，则减；如果喜欢喝浓茶，就增。则之名由此而来。

则，是会意字，金文字形呈现"从鼎从刀"。古代的法律条文曾铸刻在鼎上，取其"规范、准则"的象征意义。茶器之则亦延续此义，专门用来量取茶末。根据法门寺地宫出土的茶具来分析，茶则应该以匙状为主，陆羽谈及水量和茶量时也说到一种"方寸匕"。方寸匕是汉唐称量药面的一种常见量具，在历代的药书中经常被提及。用它来量取茶末，也很合适。

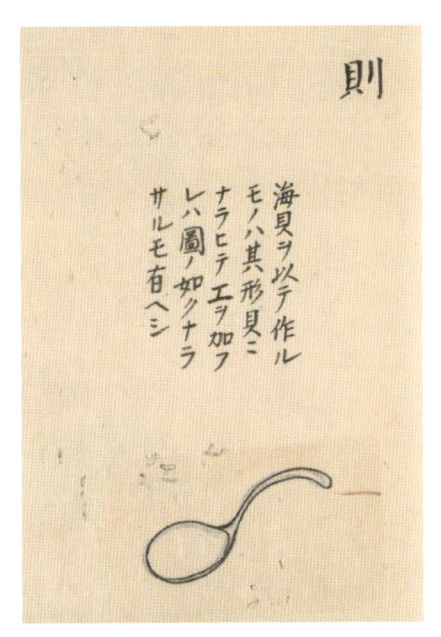

[日]春田永年《茶经中卷·茶器图解》中的则

十二、水方

水方，以椆木、槐、楸、梓等合之，其里并外缝漆之，受一斗。

水方，采用椆木、槐木、楸木、梓木等制作而成，榫卯连接处均以生漆密封，容水量为唐代一斗（约合今2升）。

椆木：山毛榉壳斗科常绿乔木，质坚硬，百年不朽，遇冷不凋。槐木：豆科落叶乔木，花黄白色，叶为羽状复叶。其木质坚韧，广泛用于建筑、雕刻。楸木：紫葳科落叶乔木，白花带紫色斑点，叶呈三角卵形或长椭圆形，木材质地致密，耐湿，可造船。

梓木：紫葳科落叶乔木，黄白花，叶对生或轮生。木材质地柔软，耐腐蚀，可做家具、乐器。

水方是装清水的木桶，顾名思义是方形而非传统圆形。木料箍桶几千年前用到现在，然而陆羽却突破传统做成方形。二十四器中同样的材料和形状的还有涤方与滓方。鉴于二十四器都要放入方形的都篮里，水方、涤方、滓

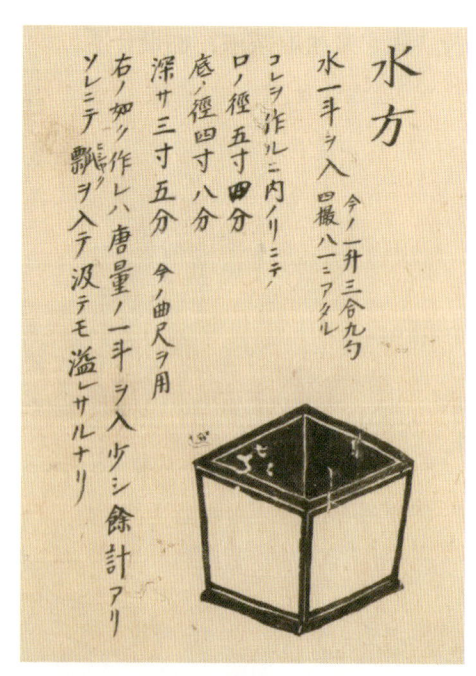

[日]春田永年《茶经中卷·茶器图解》中的水方

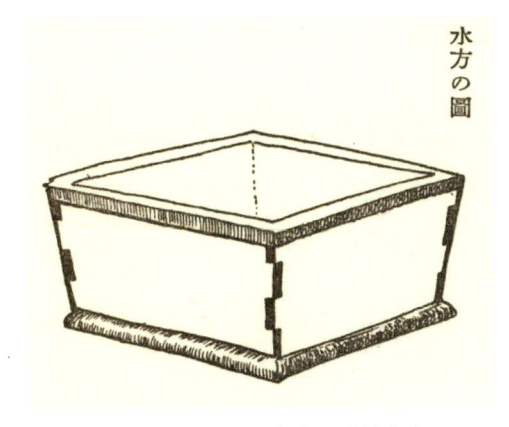

第四章 煎茶二十四器的复原与解读

诸冈存《茶经评释》中手绘的水方

水方

方应该在尺寸上正好可以叠放，做成上大下小的方斗形，恰好可以三者套叠。此外，也许陆羽用方形还出于某种美学意义上的思考，值得探讨。但方形木桶，木板与木板之间的合力不如圆桶紧密，承重也弱，很容易渗水，所以要在里面上漆密封。古代毕竟受到材料的限制，以陆子的变通，他若身处现代或许也会选用塑料乃至钛合金吧！

水方中所盛的是未经处理的生水，一般不能直接倒入釜中煮茶，还需要进一步对水进行处理，这就需用到漉水囊。

十三、漉水囊

漉水囊，若常用者。其格以生铜铸之，以备水湿，无有苔秽腥涩意，以熟铜苔秽，铁腥涩也。林栖谷隐者，或用之竹木，木与竹非持久涉远之具，故用之生铜。其囊织青竹以卷之，裁碧缣（jiān）以缝之，纽翠钿（diàn）以缀之。又作绿油囊以贮之。圆径五寸，柄一寸五分。

漉水囊，常见的主体部分多是生铜铸造，湿水后没有铜锈、污物和腥涩气味。要是用熟铜，易生铜锈污垢。用铁易生铁锈，且腥涩。隐居山林的人，也有用竹或木制作。但竹木制品不耐用，不便携带远行，故以生铜为优选。滤水的囊，用青篾丝编织，卷曲成袋状，再裁剪碧绿色的绢缝制，缀上翠钿的装饰。再做一个防水的绿色油布口袋把囊整个装起来。漉水囊直径五寸，柄长一寸五分。

在陆羽之前，漉水囊并非煮茶必需用具，而仅用于僧人中。在寺院长大的陆羽，深受僧侣用具的影响。

《四分律》卷五十二云："不应用杂虫水，听作漉水囊。"《摩诃僧祇律》卷十八云："比丘受具足已，要当畜（蓄）漉水囊，应法澡盥。比丘行时应持漉水囊。"唐代义净所撰《受用三水要行法》里也记载了佛教用水的戒律。所谓"三水"，一是时水，指沙弥俗人以手滤漉，观知无虫，于午前饮用。按佛教之制，比丘必备的衣具有六件：僧伽黎（大衣）、郁多罗僧（中衣）、安陀会（下衣）、波咀罗（铁钵、木钵、瓦钵等）、尼师坛（坐具）和骚毗罗。这个骚毗罗就是漉水囊，用以滤去水中微虫。二是非时水，意思就是这样的水不一定有时间限制，当时取用可，稍后使用也可。水同样经过过滤，放在储水器皿中储存备用。三是触用水，言下之意，就是用来洗东西的水，包括洗身体之水。

在严格的佛教戒律中，因为三水受用、准备、贮藏不当，会触犯六种乃至一万五千四百八十罪。[①] 野外水井、溪泉之中常有一些小虫，僧人在饮用之前，一定要过滤掉才行。过滤后还要仔细查看滤过的水中是否还有小虫子，有的话就要把虫子放回取水处。一般出门超过五天或行程超过二十里地，就要带上漉水囊。在没有带漉水囊的情况下，僧人会选择其他的过滤方式。比如用衣角来过滤，或在水壶、瓶子一类的器皿开口处，挂布过滤。

漉水囊用过之后，要悬挂起来，一是为了晾干，二是防止被污染。在寺院里生活的人，对漉水囊的使用和存放都非常熟悉，而陆羽曾在寺院里生活了很长时间，对此自然是谙熟于心。不过陆羽对于漉

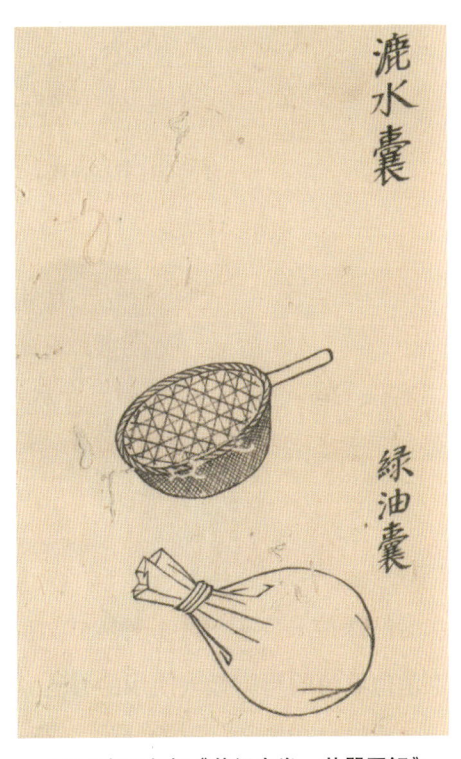

[日]春田永年《茶经中卷·茶器图解》中的漉水囊

---

① [唐]义净：《受用三水要行法》，文物出版社，1989年版。

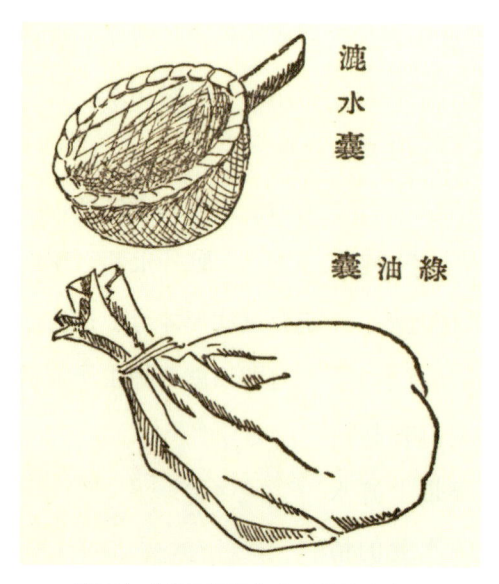

诸冈存《茶经评释》中手绘的漉水囊

漉水囊

水囊的保护采取了另外一种方式，就是做一个油布袋来装盛，这也许是他见过的行脚僧人使用的方法。

这样的用水方式，与陆子煎茶法结合，成为一种于俗家而言的新奇方式，并被当作喝茶的必要程序而流传下来。与其说这件茶器是为了过滤杂质，倒不如说具备了更重大的精神意义，即佛教的悲悯在茶人精神中的体现。

十四、瓢

瓢，一曰牺杓（xī sháo），剖瓠为之，或刊木为之。晋舍人杜育《荈赋》云："酌之以匏。"匏，瓢也。口阔，胫薄，柄短。永嘉中，余姚人虞洪入瀑布山采茗，遇一道士云："吾丹丘子，祈子他日瓯牺之余，乞相遗也。"牺，木杓也，今常用以梨木为之。

瓢，古称牺、杓。把葫芦剖开制成，或是用木头挖制而成。晋杜育《荈赋》云："酌之以匏。"匏，就是瓢。其形制特征为口阔、瓢身薄、柄短。晋永嘉年间，余姚人虞洪到瀑布山采茶，遇见一道士对他说："我是丹丘子，希望你改天把瓯、牺中多的茶送点给我喝。"牺，就是木杓，现在常用的以梨木挖成。

关于丹丘子这段故事在《茶经·七之事》中被完整描述出来。在这里其实很不符合《茶经·四之器》的行文，应该是后人的一句批注，混入了原文，到宋代刊行以后，已经剥离不出来了。

宋代《茶具图赞》中称瓢为"胡员外"，仍然是喻指

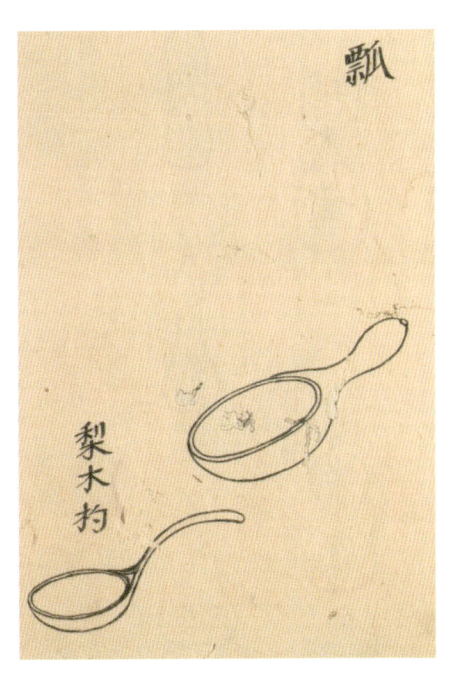

[日]春田永年《茶经中卷·茶器图解》中的瓢

葫芦器。瓠于七千多年前就出现了，浙江余姚河姆渡文化遗址中就发现了瓠籽，而作为一种可食用的植物，瓠在《诗经》中也很常见。

杜育的《荈赋》"酌之以瓠"后面还有半句"取式公刘"。公刘是古代周族领袖，就是他最早用葫芦瓶来舀酒待客。可见一个瓢也能见证上古饮食礼制。

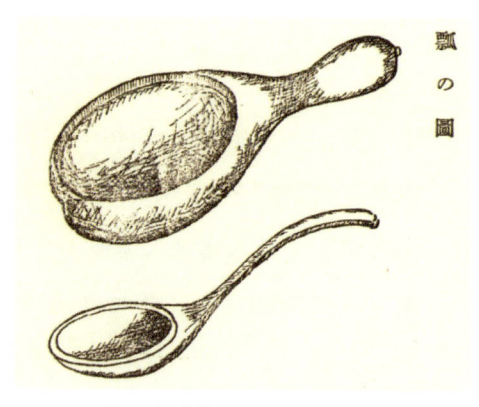

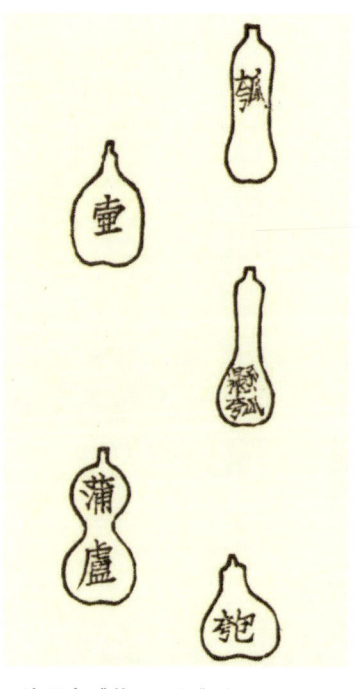

诸冈存《茶经评释》中手绘的瓢

葫芦瓢

诸冈存《茶经评释》中手绘瓢的各种造型

杓

十五、竹夹

竹夹,或以桃、柳、蒲葵木为之,或以柿心木为之,长一尺,银裹两头。

竹夹,有的用桃木制作,有的用柳木、蒲葵木或柿心木制作。长一尺,用银包裹两头。

竹夹的作用是在煮茶的时候环击汤心,以使茶的味道更香浓。唐代阎立本所画《萧翼赚兰亭图》(宋人摹本)中一位正在煎茶的老人手里拿的箸类器物,完全是一双筷子,应该就是竹夹。

然而仅用于环击茶汤,又要两头包银,筷子并非最称手的器物。天门复原煎茶器的重要成员周世平认为:"竹夹"是"筴"字在《茶经》版本流传中的失误,将一个字拆成了两个字。而"筴"是"策"的通假字。竹策是古代竹编简册的意思,从实用角度考量,煮茶用的策当以较宽的形状更为适宜,也更符合两头包银的做法。两头包银是为了使其增加重量,在环击茶汤时更有力。

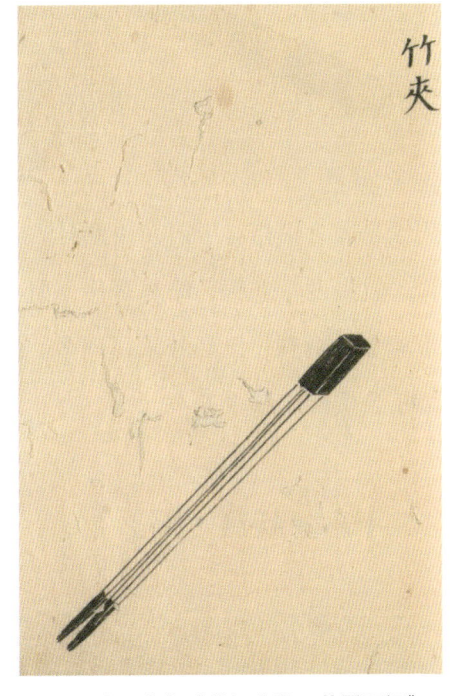

[日]春田永年《茶经中卷·茶器图解》中的竹夹

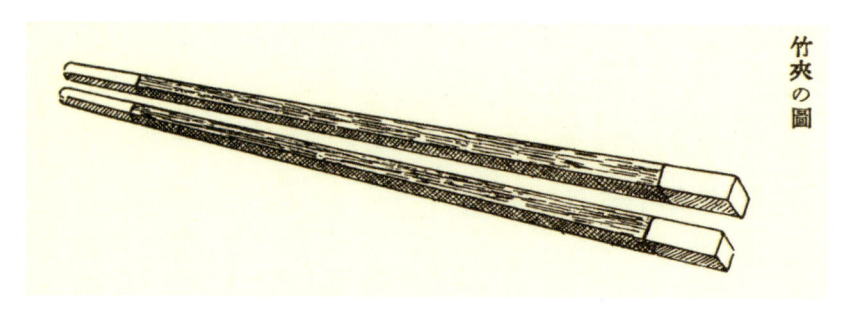

诸冈存《茶经评释》中手绘的竹夹

策

用银是因为银相对于铜、铁更不易被氧化，避免异味污染茶汤。

竹夹两端包银，略显奢侈，但与法门寺地宫出土的同样功能的银鎏金长柄杓比已经朴素了许多。何况陆羽时代的煎茶二十四器也为王公贵族阶层服务。

十六、鹾簋（揭）

鹾簋（cuó guǐ），以瓷为之，圆径四寸，若合形。或瓶，或罍（léi），贮盐花也。其揭，竹制，长四寸一分，阔九分。揭，策也。

第四章　煎茶二十四器的复原与解读

鹾簋，用瓷做成，圆形，直径四寸，像盒子，也有的作瓶形或壶形，是放盐用的器皿。揭，用竹制成，长四寸一分，宽九分，是取盐用的工具。

《四库全书总目提要》评价《茶经》"用字太古"，像"鹾簋"二字就非常生僻，要念对都很难，其实鹾簋就是个盐罐子。鹾就是盐。簋是青铜器中装食物的圆形器，一般有盖。宋代喜欢仿青铜器款式做文人器，就有此种形制香炉，叫"簋式炉"。法门寺地宫出土的《衣物帐碑》上称鹾簋为"盐达子"，这就比较口语化。与鹾簋一起配套用的揭，就是用竹木制作的小勺子。

这种器物出现在陆子煎茶法中，是因为唐代煎茶要通过加少量的盐去除苦味。

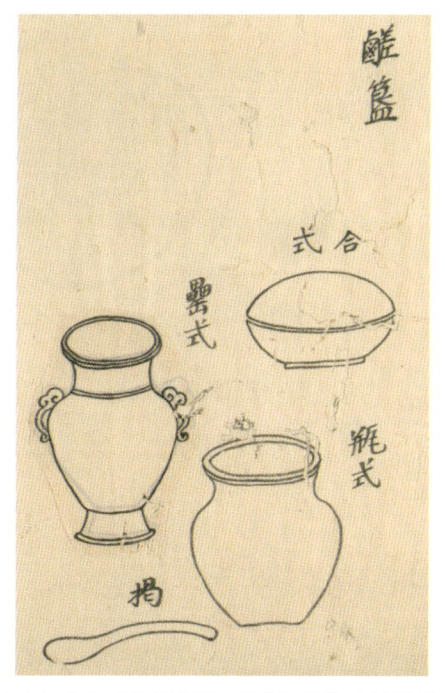

[日]春田永年《茶经中卷·茶器图解》中的鹾簋及揭

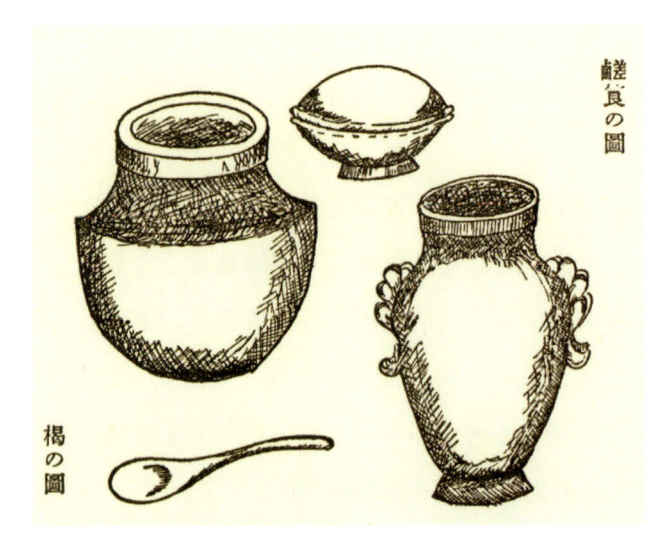

诸冈存《茶经评释》中手绘的鹾簋及揭

鹾簋及揭

十七、熟盂

熟盂，以贮熟水，或瓷，或沙，受二升。

熟盂，用来盛开水，瓷器或陶器制成，容量两升。

第四章 煎茶二十四器的复原与解读

煎茶前的生水用水方盛，而煮沸后的熟水就要用熟盂来盛。当茶末投入水中，茶汤初沸腾，出现沫饽，这是精华，被陆羽称为"隽永"。这个精华要连同半数的茶水先捞出一部分放进熟盂里备用。当釜里的茶与水继续沸腾，快要第二沸时，再将熟盂中已经冷却的茶水倒回去一些，目的是"救沸"，要控制住茶汤，使其不能滚开。"救沸"的目的是"育华"，如同煲汤，要稳住茶汤。熟盂可用较粗的陶制作，胎土一般不会淘洗得太干净，留下沙粒在其中，利用沙子的热膨胀特性延缓散热，这与砂锅的保温原理相通。

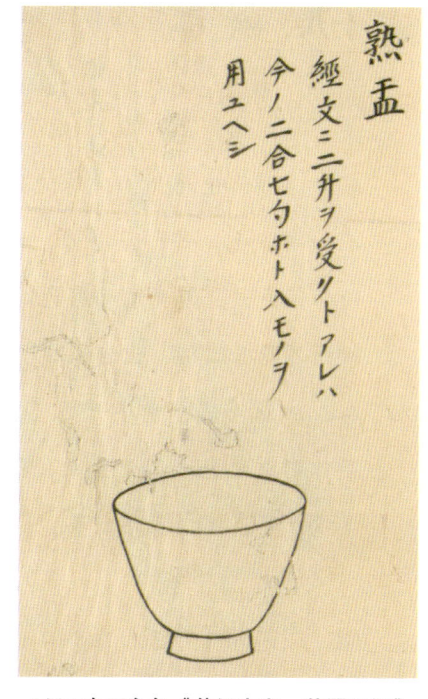

[日]春田永年《茶经中卷·茶器图解》中的熟盂

诸冈存《茶经评释》中手绘的熟盂

熟盂

十八、碗

碗，越州上，鼎州次，婺州次；岳州上，寿州、洪州次。或者以邢州处越州上，殊为不然。若邢瓷类银，越瓷类玉，邢不如越一也；若邢瓷类雪，则越瓷类冰，邢不如越二也；邢瓷白而茶色丹，越瓷青而茶色绿，邢不如越三也。晋杜育《荈赋》所谓"器择陶拣，出自东瓯"。瓯，越也。瓯，越州上，口唇不卷，底卷而浅，受半升已下。越州瓷、岳瓷皆青，青则益茶，茶作白红之色。邢州瓷白，茶色红；寿州瓷黄，茶色紫；洪州瓷褐，茶色黑，悉不宜茶。

碗，以越州（今浙江绍兴）产的为上品，鼎州（今湖南省常德市）、婺州（今浙江金华）产的次之；岳州（今湖南岳阳）产的为上品，寿州（今安徽寿县）、洪州（今江西南昌）产的次之。

关于茶碗，有"青白之争"。始于陆羽在《茶经·四之器》中提出的审美标准："邢瓷类银，越瓷类玉""若邢瓷类雪，则越瓷类冰"；"邢瓷白而茶色丹，越瓷青而茶色绿"。其实这番话开启了茶具与汤色适配的一个重要标准，成为后世茶器选择的重要范式。

晋杜育《荈赋》中说"器择陶简，出自东隅"，这个东隅，指的是越州。瓯，越州产的最好，口不卷边，底呈浅弧形，容量不超过半升。越州瓷、岳州瓷都是青色，能增进茶汤色泽。邢州瓷白，使茶汤呈红色；寿州瓷黄，使茶汤呈紫色；洪州瓷褐，使茶汤呈黑色，都不适合盛茶。

越州在唐、五代、宋时因产秘色瓷器而闻名天下，这种瓷器通体透明，是青瓷中的上品。邢窑以烧制白瓷佳品而闻名。邢窑窑址主要在内丘县。唐代李肇在《国史补》中说："内丘白瓷瓯，端溪紫石砚，天下无贵贱，通用之。"此窑瓷器天下通用，是唐时北方诸多瓷窑的代表，也被定为供品。因此，唐代的瓷器有"南青北白"之称。而在陆羽的描述中，显然是最为推崇越窑青瓷为茶碗的极品。

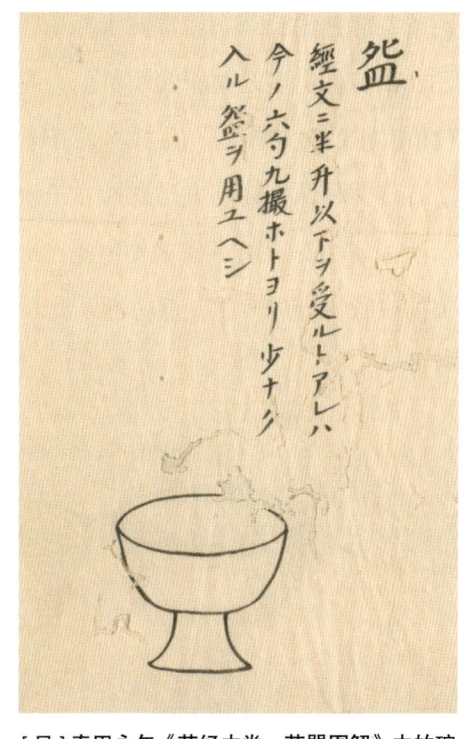

[日]春田永年《茶经中卷·茶器图解》中的碗

由于陆羽的推崇，唐代诗人赞美越瓷的佳句很多。到了宋代，茶色尚白，所以宜用黑盏。到了明代，屠隆《考槃余事》中记载："宣庙时有茶盏，料精式雅，质厚难冷，莹白如玉，可试茶色，最为要用。蔡君谟取建盏，其色绀黑，似不宜用。"白瓷又变得吃香，其中的衡量标准仍是陆羽的茶具配合茶色的导向。

范文澜在《中国通史》中说：陆羽按照瓷色与茶色是否相配来定各窑优劣，说邢瓷白，盛茶呈红色，越瓷青，盛茶呈绿色，因而断定邢不如越，甚至建议取消邢窑，不入诸州品内……瓷器应凭质量定优劣，陆羽以瓷色为主要标准，只能算饮茶人的一种偏见。

日本里千家千宗室在《〈茶经〉与日本茶道的意义》里说，陆羽茶器部分说到茶碗才算到了高潮，精彩万分。但他还是认为陆羽评判茶碗优劣多是基于实用价值，与日本茶道比较重视茶碗的艺术价值有很明显的不同。在日本茶道中，赏碗是非常重要的环节。

范文澜认为陆羽太过感性，千宗室却认为陆羽不够审美。不可否认，陆羽的言论对确立秘色瓷在中国历史上的地位，以及青瓷之美的被欣赏与被言说，都功不可没。他在陆子煎茶法中创造了美。

诸冈存《茶经评释》中手绘的碗

仿唐代玉璧底茶碗：越窑青瓷、邢窑白瓷、寿州黄瓷、洪州褐瓷

第四章　煎茶二十四器的复原与解读

十九、畚

畚（běn），以白蒲卷而编之，可贮碗十枚。或用筥，其纸帕以剡纸夹缝令方，亦十之也。

畚，又叫草笼，用白蒲草编成，可放十只碗。也有的用竹筥。纸帕，用两层剡纸，裁成方形，也可以放十只碗。

《说文解字》中说得言简意赅："畚，蒲器也。"指用稻草之类的材料编织成收纳日常零碎物品的容器。茶碗很珍贵，又易碎，要格外用心呵护，放入柔软的蒲草质地的畚中携带非常合理。放入畚

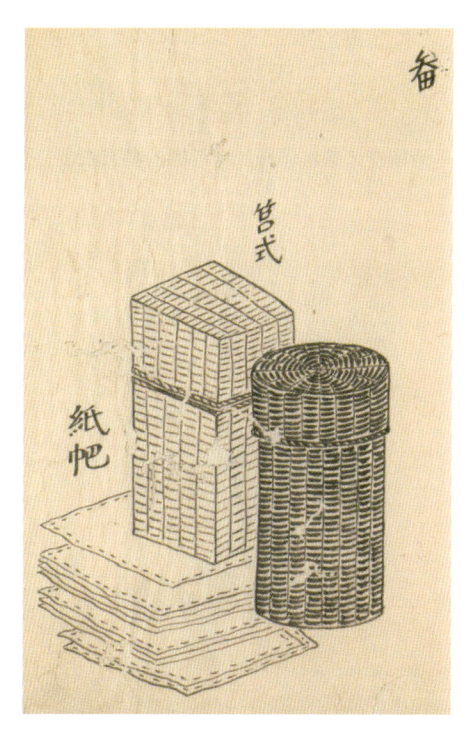

[日]春田永年《茶经中卷·茶器图解》中的畚

中之前，还要仔细用剡纸包裹，起到防震与相互摩擦的作用。可以想象，畚的形制应该是适配茶碗直径的圆柱形。

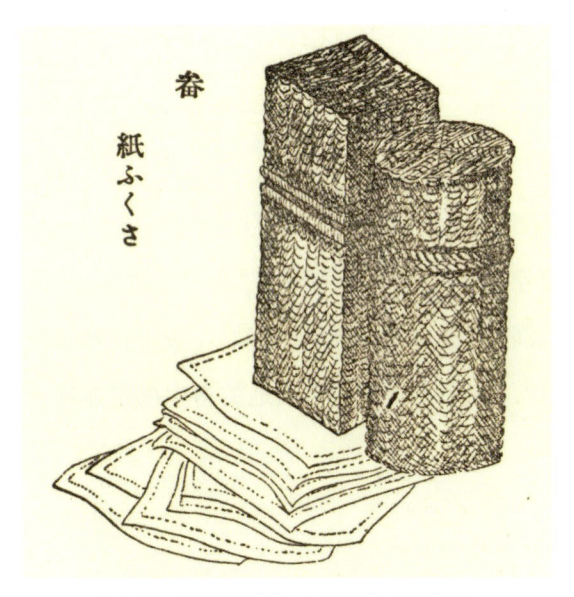

诸冈存《茶经评释》中手绘的畚及纸帊

畚

二十、札

札，缉栟榈皮以茱萸木夹而缚之，或截竹束而管之，若巨笔形。

札，用茱萸木夹上棕榈皮，捆紧。或用一段竹子，扎上棕榈纤维，像大毛笔。

札在二十四器中并不算重要，但也不可或缺，它是一种刷洗茶具的工具。陆羽说札柄的材料用茱萸，他长期生活在江浙一带，所说的应该是产于这一带的吴茱萸。这种茱萸兼具刷洗和防蛀功效。

值得注意的是，札很可能发展成后来宋代点茶中至关重要的茶筅。从南宋刘松年的《撵茶图》中可以看出，画中的茶筅与南方用竹子做的锅刷非常相似。会不会是陆子煎茶法完成后，在用札刷洗茶碗时打出的泡沫启发了后人，这种方法逐渐演变形成了宋代的点茶法？

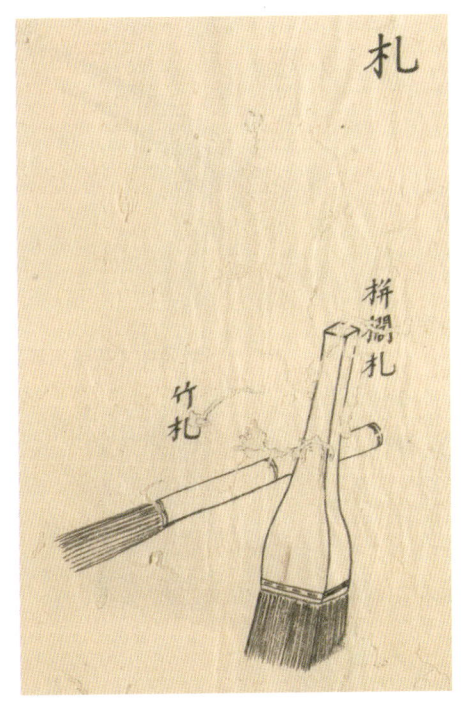

[日]春田永年《茶经中卷·茶器图解》中的札

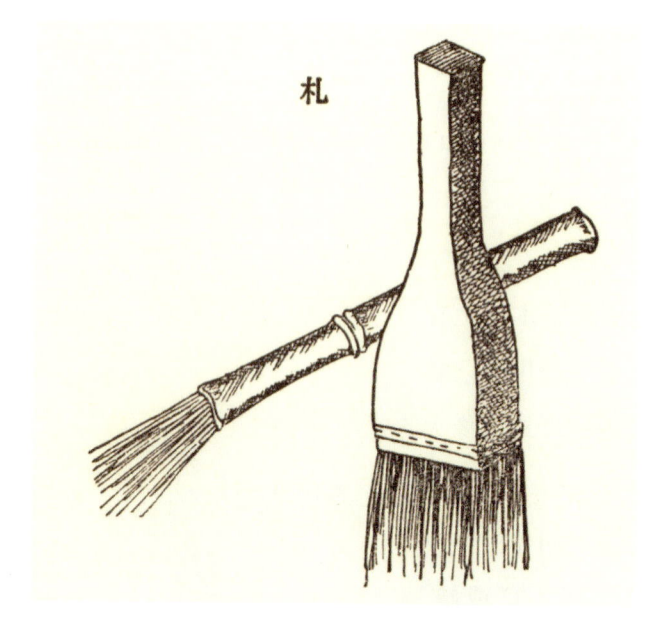

诸冈存《茶经评释》中手绘的札

札

二十一、涤方

涤方，以贮涤洗之余，用楸木合之，制如水方，受八升。

涤方，盛洗涤后的水和茶具。用楸木制成，制法和水方一样，容量为八升。

陆子煎茶法中的涤方和日本茶道器具的"建水"功能类似。

[日]春田永年《茶经中卷·茶器图解》中的涤方

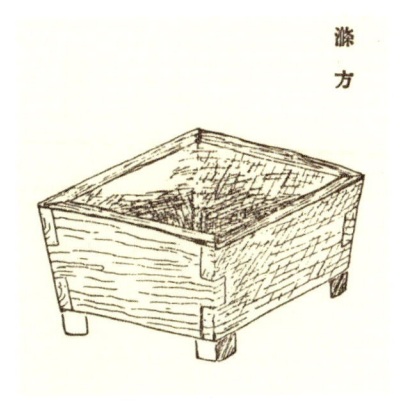

诸冈存《茶经评释》中手绘的涤方

涤方

二十二、滓方

滓方，以集诸滓，制如涤方，处五升。

滓方，用来盛各种茶渣。制作方法如涤方，容量为五升。
滓方的用途和如今的茶盂相近，是专门用于存放茶水残渣的器

119

具。容积上,滓方比涤方小,只有五升。形状上,水方、涤方、滓方正好可以叠放在一起,便于收纳进都篮。

[日]春田永年《茶经中卷·茶器图解》中的滓方

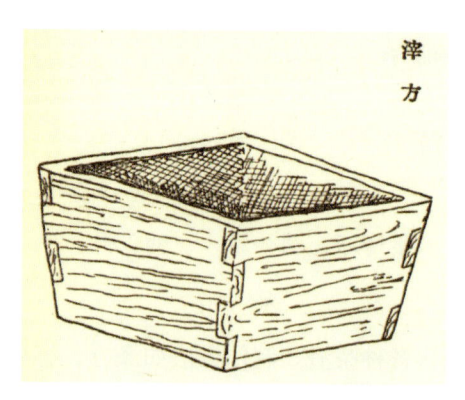

诸冈存《茶经评释》中手绘的滓方

滓方

二十三、巾

巾，以绝（shī）布为之，长二尺，作二枚互用之，以洁诸器。

巾，用粗绸子制作，长二尺，做两块，交替使用，以清洁茶具。

[日]春田永年《茶经中卷·茶器图解》中的巾

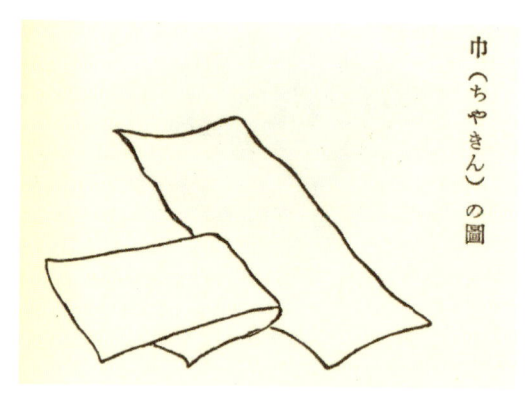

诸冈存《茶经评释》中手绘的巾

巾

二十四、具列与都篮

具列，或作床，或作架。或纯木、纯竹而制之，或木，或竹，黄黑可扃（jiōng）而漆者。长三尺，阔二尺，高六寸。具列者，悉敛诸器物，悉以陈列也。

具列，做成床形或架形，或纯用木制，或纯用竹制。也可木竹兼用，做成小柜，漆作黄黑色，有门可关。长三尺，宽二尺，高六寸。之所以叫它具列，是因为可以贮放、陈列各种器物。

具列类似置物架的构造，一直没有多大变化，但其名称却有所

第四章 煎茶二十四器的复原与解读

改变。清代宫廷档案中记载的茶器有茶棚和茶籯，茶棚就是陆羽所说的具列。在正式茶席上，具列有非常重要的功能，不仅可以展示主人的精美茶具，其本身也是一件精美的艺术品。后世具列多为木头所制，有紫檀、酸枝、鸡翅、楠木、桑木、松木等，制作工艺也非常精湛。

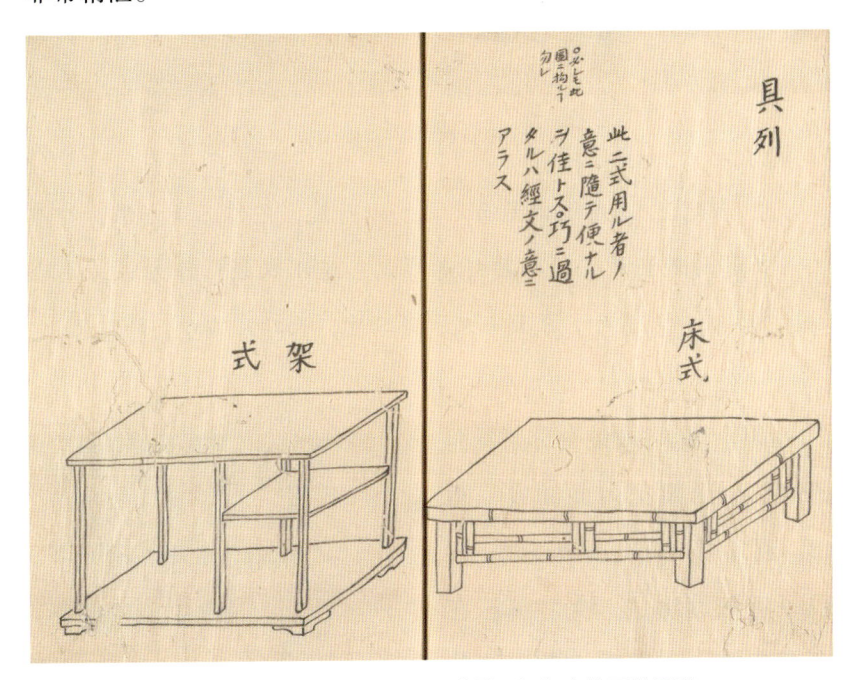

[日] 春田永年《茶经中卷·茶器图解》中的两款具列

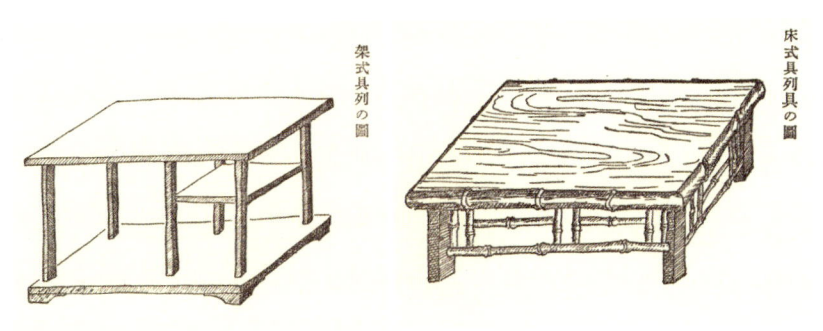

诸冈存《茶经评释》中手绘的具列

具列

都篮，以悉设诸器而名之。以竹篾，内作三角方眼，外以双篾阔者经之，以单篾纤者缚之，递压双经，作方眼，使玲珑。高一尺五寸，底阔一尺，高二寸，长二尺四寸，阔二尺。

都篮，因可收纳全部茶器而得名。用竹篾把内面编成三角形。洞外用两道宽篾做经线，再以一道细篾绑住，交替编压在两道宽篾上，编成方洞，使其精巧美观。都篮高一尺五寸，底宽一尺，高二寸，长二尺四寸，宽二尺。

具列和都篮都是存放茶器的工具，具列用于陈列，都篮用于存放。二者方便携带，郊游或外出时用。比陆羽稍晚的封演所著

[日]春田永年《茶经中卷·茶器图解》中的两款都篮

第四章　煎茶二十四器的复原与解读

《封氏闻见记》中记载："楚人陆鸿渐为茶论，说茶之功效，并煎茶、炙茶之法，造茶具二十四事，以都统笼贮之。"这里把都篮说成都统笼，似乎更为贴切。正是因为有了都篮，陆子煎茶法的二十四器才成为一种组合，成为一个完备的文人茶器系统。

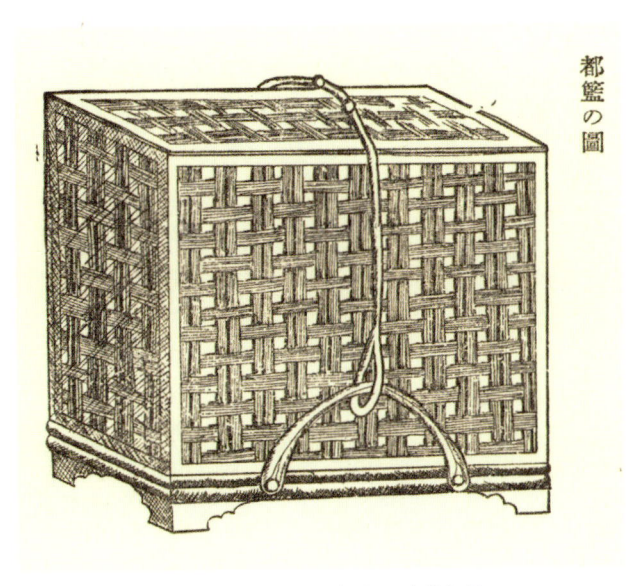

诸冈存《茶经评释》中手绘的都篮

都篮

茶圣的绝学——陆子煎茶法

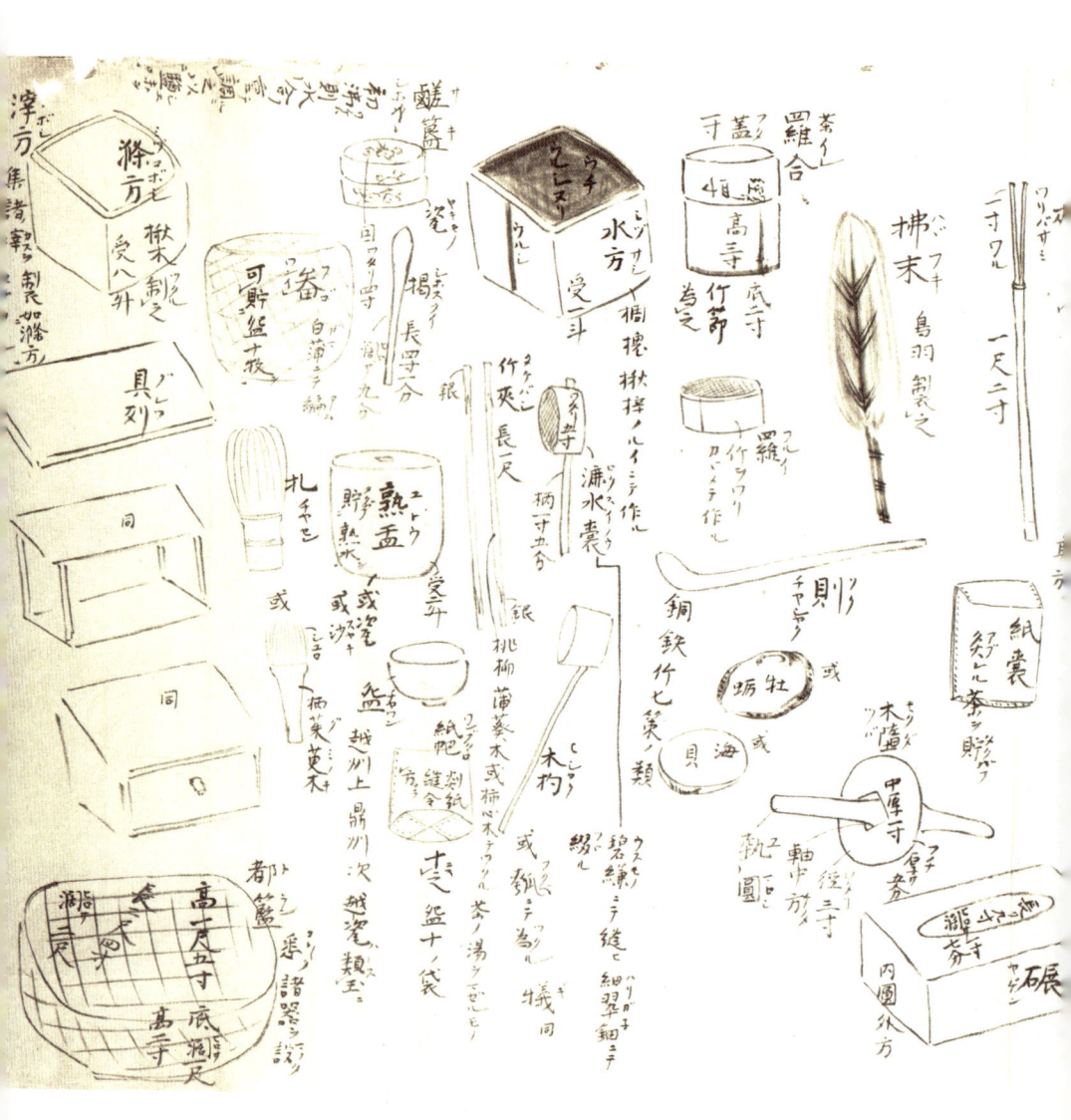

[日]佚名《茶经图考》中的"四之器"（布目潮渢编《中国茶书全集》，汲古书院）

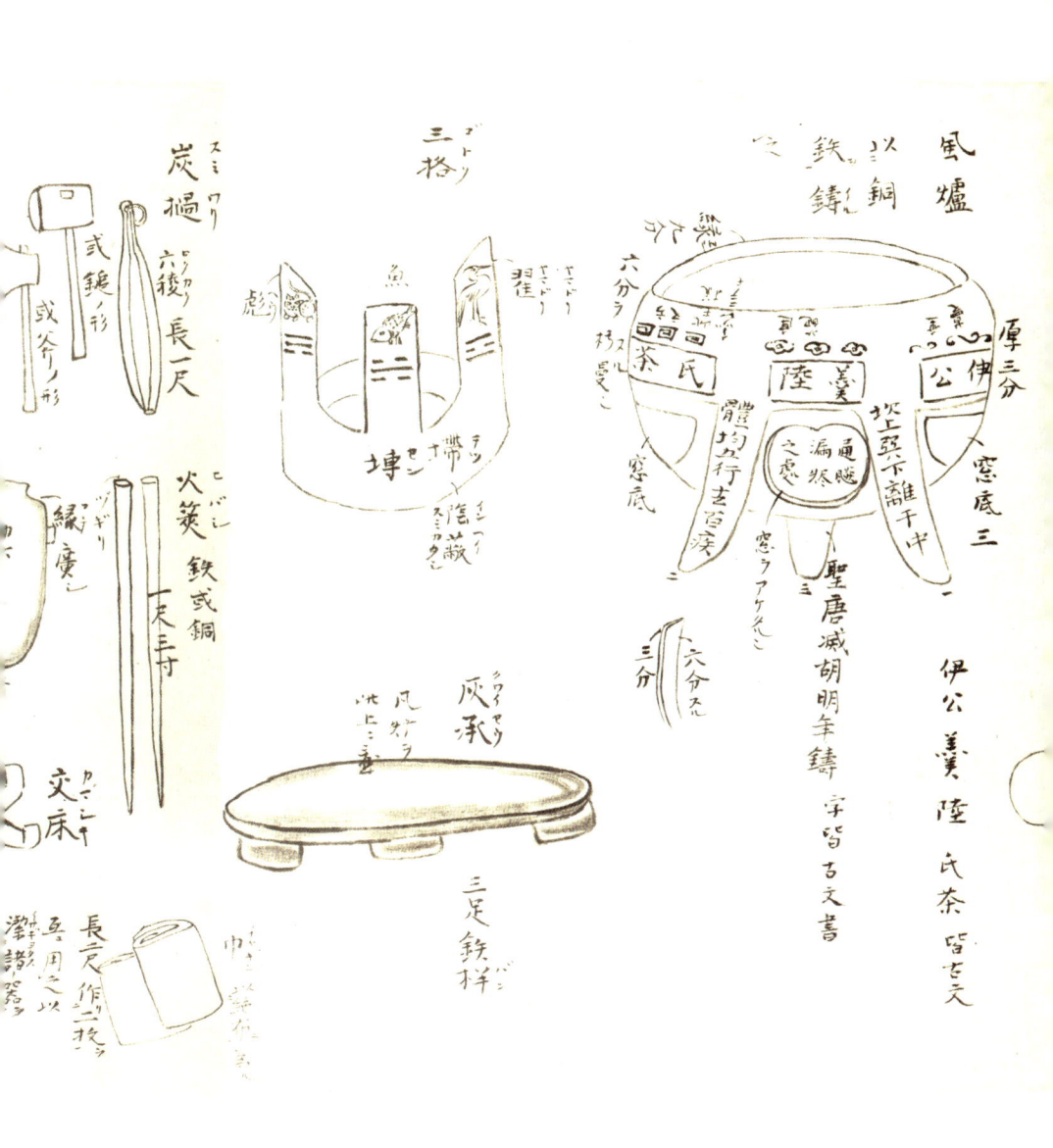

第四章　煎茶二十四器的复原与解读

第二节　二十四器的解读

一、宫廷茶器与陆子茶器

现在，只要谈到唐代煎茶法（或称唐代煮茶法）的复兴，人们大都会想到法门寺地宫出土的那套金银器。由于实物传世，只要财力所及，复制这些器物比考证《茶经》的文本记载进行复原要方便得多。然而，我们必须承认，法门寺地宫的茶器等级之高绝非唐代日常茶器可以比拟，它们可以说是大唐宫廷茶器中最奢侈的代表。

大唐乾符元年（874）正月初四，唐僖宗佛骨归安于法门寺，将数千件皇室奇珍异宝安放于地宫以作供养。1981年8月24日，法门寺明代真身宝塔半壁坍塌。1987年4月3日，相关人员发现唐代地宫，随后考古工作者进行科学发掘。在地宫后室的坛场中心供奉着一套以金银质为主的宫廷御用系列茶器。这套以唐代僖宗皇帝小名"五哥"标记的茶器，引起全世界茶文化界的瞩目。

地宫出土的《物帐碑》碑文中记录：懿宗供奉"火筋一对"。僖宗供奉"笼子一枚，重十六两半。龟一枚，重二十两。摩羯纹银盐台一副，重十二两。结条笼子一枚，重八两三分。茶碾子、碾子、茶罗子、匙子一副，七事共重八十两"。从茶碾子等的錾文可知，这些器物制作时间是咸通九年（868年）至乾符四年（877年）。长柄银勺、茶罗子等器物上均刻画有"五哥"字样。僖宗是懿宗第五子，宫中昵称"五哥"。《物帐碑》也将其作为"新恩赐物"列在

"僖宗供物"名下，由此可见，这些茶具是僖宗皇帝御用真品无疑。

除了金银器外，琉璃茶碗托子，曾为千古之谜的秘色瓷碗也纳入茶器系列。因此这套茶器包括：金银丝结条笼子、鎏金鸿雁纹银茶碾子、鎏金团花银碢轴、鎏金飞天仙鹤纹银茶罗子、鎏金摩羯鱼三足架银盐台、盘丝座葵口小银盐台、系链银火筯、鎏金飞鸿纹银则、鎏金卷草纹长柄银勺、银棱髹漆平脱黄釉秘色瓷碗、五瓣葵口圈足青釉秘色瓷碗、侈口青釉秘色瓷碗、素面淡黄色琉璃茶盏和茶托、菱形双环纹深直筒琉璃杯、素面淡黄色直筒琉璃杯。[1]

这套茶器无疑是唐代宫廷茶法的实物证据，也表明了陆子煎茶法对宫廷的影响。从功能的角度看，宫廷茶器与陆子茶器都满足了《茶经·五之煮》中的程序：炙茶、碾茶、筛茶、煮水、投茶、酌茶、吃茶。

关于烘焙用器，陆子茶器有风炉、灰承、炭挝、火筴，而宫廷茶器中相对应的有系链银火筯。银火筯捶成型，上粗下细，通体光素。顶端呈宝珠形，其下有凹槽，环套嵌其中，与第一筯相连，链为银丝编成。陆羽《茶经》中的火筴特别强调"顶平截，无葱台勾锁之属。以铁或熟铜制之"。宫廷以银代替铁、铜制作，尽显豪华。

关于碾罗器，陆子茶器包括碾、拂末、罗合。碾盘和堕用质地坚硬细密且无异味的木材制成，拂末用鸟的羽毛制成，罗合是由竹、杉木、纱绢、油漆制成。宫廷茶具的碾罗器包括鎏金鸿雁纹银茶碾子、鎏金团花银碢轴、鎏金飞天仙鹤纹银茶罗子。三物皆构造

---

[1] 器物名单依据李新玲、任新来编著《大唐宫廷茶具文化》，中国农业出版社，2017年。

复杂、装饰豪华、材质高档。鎏金鸿雁纹银茶碾子錾如意云头、流云纹、鸿雁、天马、扁平团花，錾文为"咸通十年文思院造银金花茶碾子一枚并盖共重廿九两，匠臣邵元，审作官臣李师存，判官高品臣吴弘悫，使臣能顺"。辖板等处有刻文"五哥""十六字号"等字样。碾槽设盖用于防尘保洁，也更符合卫生要求，防尘盖的设置是古茶碾中罕见的例子。鎏金团花银碢轴自铭曰"碢轴重一十三两"，饰莲瓣团花、流云纹、草叶纹，錾刻供奉者"五哥"二字。鎏金飞天仙鹤纹银茶罗子由盖、罗、屉、罗架、器座组成。錾饰飞天、流云、和合云纹、如意云头、莲瓣纹、仙鹤、饰束髻着褒衣的执幡驾鹤仙人，錾刻僖宗皇帝小名"五哥"字样。较之质朴雅致的陆氏碾茶器，地宫碾茶器崇金贵银，以极尽奢华的工艺与材质彰显尊贵，将皇权至上的理念表露无遗，并可让人感知到大唐兼容并蓄、开放包容的宗教政策和文化气度。

关于煮茶器，陆子茶器有镤、交床、夹，而宫廷茶器中相对应的有鎏金飞鸿纹银则和鎏金卷草纹长柄银勺。鎏金卷草纹长柄银勺侧面呈卵形，匙柄扁长，上宽下窄，柄端作三角形，上下部位錾花。上段为流云飞鸿，下段为联珠图案，其间錾十字花，均以弦纹和菱形纹为栏界。柄背光素。银勺捶揲成型，纹饰鎏金，勺面微凹，呈卵圆形，勺柄扁长，上宽下窄。柄上段套箍银片。柄面自上而下分别錾饰三段蔓草纹，其间以凸起的莲作界。柄背光素，中部竖錾"重二两"，并刻有"五哥"字样。据此可知此物为唐僖宗供奉。这长柄银勺的功能相当于《茶经》中的夹，用来环击汤心。相比于皇室的奢华，陆羽所用煮茶器多用木制，最多不过银裹两头。

陆子茶器用廉价的纸囊作为贮茶器，而宫廷茶器与之相对应的则是金银丝结条笼子。笼体呈椭圆形桶状，以金银丝编制而成，上有盖，下有足。笼盖呈四瓣葵口，盖心以金银丝编织成塔状物，并衬以金丝花瓣塔状物，四周各有一朵金丝团花。笼盖与笼体以子母扣合，上下口及底边均以鎏金银片镶口。笼体两侧编结出提梁，提梁与盖以长链相联结。四足膝部为带髯龙头，以银丝盘的四枚涡纹构成足跟。笼底亦系镂空编织而成，可谓极尽奢华。

关于储盐器，陆子茶器有鹾簋，瓷制；揭，竹制。宫廷茶器有鎏金摩羯鱼三足架银盐台、盘丝座葵口小银盐台。小银盐台由盘和台座两部分组成，钣金成型。五曲葵口，平底，浅腹。腹壁竖錾五条凸棱，盐台座以银丝盘曲三圈，与盘底相焊接，通体光素。

鎏金摩羯鱼三足架银盐台由盖、台盘、三足架组成。盖上有莲蕾捉手，中空，分作上下两半，以银筯焊接并与盖相连。盖为覆荷叶状，盖面錾饰叶脉，底缘上卷，盖心饰团花一朵，盖面饰摩鱼四尾。台盘宽沿，浅腹、平底。三足支架与台盘焊接相连，支架以银筯盘曲而成，架中部斜出四枝，枝端分别接出二尾摩羯鱼和两颗莲蓬宝珠，宝珠周围绕以火焰纹。支架上錾刻："咸通九年文思院造银金涂盐台一只，并盖共重一十二两四钱，判官吴弘悫，使臣能顺。"另有"四字号""小药焊"等字样。由这两件盐台可知，宫廷茶中所加入的不只是盐，与陆子煎茶法提倡的清饮并不完全一致。

关于饮茶器，陆子茶器以碗为主，而宫廷茶器中相对应的是琉璃茶碗、茶托和宫廷专用的秘色瓷碗。法门寺地宫出土的琉璃器，皆源自东罗马，琉璃茶盏和茶托在地宫碑文中被明确记载为唐僖宗供佛茶具。它们虽来自异域，却具有明显的中国造型特征，应是阿拉伯商人依照中国人的审美标准及使用需求而专门设计生产的。地宫出土的菱形双纹深直筒琉璃杯和素面淡黄色直筒琉璃杯，也可以作为唐代的饮茶器具。这些琉璃茶器因其奢侈难得，且具有独特的异域审美风格，未见于陆子茶法之中。而秘色瓷茶碗即越窑系中的精品，倒是符合陆羽称赞越瓷的标准。但宫廷的瓷器也有绚丽的装饰，如黄釉秘色瓷碗，侈口，圈足，五曲斜腹。内壁施黄釉，釉质滋润，外壁髹黑漆，每曲对应装饰银薄片制成的平脱雀鸟图案花纹一朵，纹饰鎏金碗口及底均包有银棱扣边。黄釉秘鲁色瓷碗富丽堂皇，为大唐制瓷技艺、金银细工、髹漆技艺相结合之罕见的艺术珍品。

可见宫廷茶器与陆子茶器二者虽然功能大体相近，但其精神内涵与审美价值却大相径庭。法门寺的宫廷茶器作为地宫唐密曼荼罗的供器出现，是唐皇室尊崇佛教的生动体现；陆子茶器则是推行"陆子煎茶法"审美理念的创举，是具划时代意义的将食器与茶器分离的创造。从材质上看，宫廷茶器多为价值昂贵的金银器和琉璃器；陆子茶器则以铜铁及无异味的竹木材质为主。从风格代表上，宫廷茶器象征着皇室贵族的时尚追求，以豪华繁缛为美；陆子茶器代表

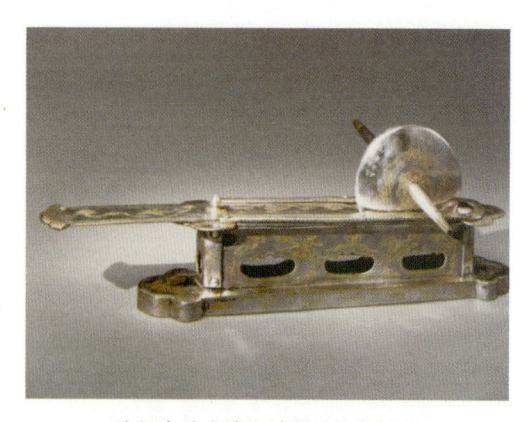

法门寺地宫金银丝结条笼子　　　　法门寺地宫鎏金鸿雁纹银茶碾子

法门寺地宫鎏金飞天仙鹤纹银茶罗子　　法门寺地宫鎏金摩羯鱼三足架银盐台

的是文人情怀,崇尚简约质朴。二者承载的思想文化亦有不同。宫廷茶器承载的是皇权思想,表达了华丽绚烂、开放包容的大唐美学;而陆子茶器则更多地蕴含着儒释道三家思想的融合,在饱满的文人情调中,还渗透着平民意识,更具普适性和亲和力。

二、仪式感与松弛感

与法门寺的宫廷茶器相比,陆子煎茶法的二十四器在奢侈程度上差得很远,但在当时的唐代显然此二十四器也不是平民百姓可以使用的。《封氏闻见记》记载:"楚人陆鸿渐……造茶具二十四事,以都统笼贮之。远近倾慕,好事者家藏一副……王公朝士无不饮者。""好事者"就是赶时髦的人。这些赶时髦的"王公朝士"皆为达官贵人,此外还有富商大贾、僧道雅士,而这些群体并非唐代的普通平民阶层。

这说明陆羽也希望通过陆子煎茶法去影响这些人,陆羽深知煎

茶圣的绝学——陆子煎茶法

茶法不应仅局限于上层社会,他并没有放弃对底层民众的精神关怀,毕竟他本身也来自底层。因此在《茶经·九之略》中陆羽说:

> 其煮器,若松间石上可坐,则具列废。用槁薪、鼎𨰉之属,则风炉、灰承、炭挝、火䇲、交床等废。若瞰泉临涧,则水方、涤方、漉水囊废。若五人已下,茶可末而精者,则罗合废。若援藟跻岩,引絙入洞,于山口炙而末之,或纸包合贮,则碾、拂末等废。既瓢、碗、夹、札、熟盂、鹾簋悉以一筥盛之,则都篮废。

天门陆羽研究会复原的陆子煎茶法二十四器

第四章　煎茶二十四器的复原与解读

一连讲了六个"废"，废去了一半的茶器，然而茶事、茶法不废。一方面讲的是陆子煎茶法的变通，另一方面也是让陆子煎茶法不要拘泥于二十四器，可以亲近平民大众，这也是陆子精神的闪光之处。

但陆羽在"九之略"一章中还是补充了一句：

> 但城邑之中，王公之门，二十四器阙一，则茶废矣。

这里笔者并不想解读陆羽究竟基于何种立场说这些话，虽然他的确很像积极地在"王公之门"中推销自己的煎茶理想。但至少二十四器的完整呈现表达了一种强烈的仪式感。"九之略"一章是

提醒我们茶道的自然主义精神，让我们获得一种松弛感。然而，茶道并非仅有松弛的一面，有些场合必须有仪式感。

陆子煎茶法的艺术之美或许就是在仪式感和松弛感的巨大张力之间体现的。

第五章

陆子煎茶法规程图解

关于唐代煎茶法的复兴，可追溯至1994年。由中国茶文化学科的奠基人陈文华先生主导创编的"大唐宫廷茶道清明宴"在陕西省法门寺展演，首次借助法门寺地宫茶器的复制品，对煎茶法进行了艺术呈现。

2008年，中国国际茶文化研究会的程启坤、姚国坤、张莉颖对唐代饼茶的制作复原以及煎茶法的复原做了研究与尝试，但并未形成完整的茶法体系。

2013年，深圳紫苑茶馆馆主陈悦成举办了"唐风茶韵"展示活动，开始让唐代煎茶法从舞台上的远距离表演转变为可近距离观赏的动态呈现。来自全国各地的茶人不仅可以近距离观赏煎茶流程，也将茶汤的品尝作为参加茶会的目的之一。但"唐风茶韵"所用的饼茶是香港茶人叶荣枝所选的普洱小饼茶，并非唐代的蒸青绿饼茶，采用的茶器仍是法门寺地宫茶器的复制品。

湖州长兴茶文化研究会的杨雅静等人早在2005年左右便开始探索恢复唐代饼茶的制作方法，同时，长兴大唐贡茶院也一直致力于煎茶法的复原工作。2020年，长兴茶人张文华开始系统创编"大唐茶事"茶艺。到2021年，已形成了比较完善的煎茶法。其使用的茶器在法门寺茶器的基础上开始向《茶经·四之器》的方向转变，例如将琉璃茶盏改为仿唐式的越窑青瓷茶碗。然而，长兴作为唐代贡茶院所在地，其贡焙、贡茶的审美取向原本就与宫廷茶器、茶法高度契合。2023年3月，中央广播电视总台大型文化类节目《典籍里的中国》第二季第八期《茶经》播出，取景地正是长兴大唐贡茶院。

剧中陆羽所使用的茶器成为摄制组拍摄时的一大难题。有关导演向笔者咨询、讨论了茶器的选用问题。因为若要真实地传递陆羽的茶道精神气质，出现宫廷茶器或日式茶器都不合适。摄制组最终有选择性地采用了张文华提供的部分煎茶器。

大唐贡茶研究院的常务副院长孙斌在法门寺出土的唐代宫廷金银茶器的基础上，也开始了对唐代煎茶法的实践。2022年5月他以煮茶法，为佛骨真身舍利供茶，此后进一步完善宫廷煎茶法。

完整复原《茶经》记载的陆子煎茶法这项工作，是湖北省天门市陆羽研究会的童正祥、周世平、张芬等人承担的非物质文化遗产项目。对二十四器的全面复原始于2013年。陆子煎茶法以张芬为主进行呈现，于2016年面世。2019年，依据《茶经·二之具》通过《茶经·三之造》制成的饼茶，再以《茶经·四之器》通过《茶经·五之煮》呈现的整套陆子煎茶法首次向公众展示。复制《茶经·四之器》中茶器的文章发表于《茶博览》2021年第4期。2023年9月19日，在第二届全国技能大赛中，由张芬展演、周世平指导的"唐代蒸青饼茶"被评为大赛"最受欢迎的十大绝技"。2024年5月17日，在天门举行的"茶和世界，共品共享"国际茶日纪念活动上，陆子煎茶法及二十四器由潘城解读、万嘉欣演绎，正式向全球发布。2024年11月"陆子煎茶法"被列入湖北省非物质文化遗产名录。

对陆羽的二十四茶器以及煮茶法进行复原与实践者，除了湖北天门的茶人外，还有河南焦作的赵飚。他从事陆羽《茶经》文化推广活动，着力于推广陆羽茶器文化和陆羽煮茶法，从2018年开始研究并打造《茶经》中描述的风炉即陆氏鼎，之后陆续复原二十四器，初步完成于2019年5月，并以这些茶器在各种茶文化活动中进行煎茶法的表演。

第一节　陆子煎茶法的规程

陆子煎茶法的规程即《茶经·五之煮》：

> 凡炙茶，慎勿于风烬间炙。熛焰如钻，使炎凉不均。持以逼火，屡其正翻，候炮出培塿（lǒu），状虾蟆背，然后去火五寸。卷而舒，则本其始，又炙之。若火干者，以气熟止；日干者，以柔止。

烤饼茶，注意不要在通风的余火上烤，因为飘忽不定的火苗像钻子，使茶受热不均匀。烤饼茶时要靠近火，不停地翻动，等到烤出凸起的像蛤蟆背上的小疙瘩，然后离火五寸。当卷曲的饼茶又伸展开，再按先前的办法复烤。如果制茶时是用火烘干的，以烤到冒热气为佳；如果是用太阳晒干的，以烤到柔软为好。

> 其始，若茶之至嫩者，茶罢热捣，叶烂而芽笋存焉。假以力者，持千钧杵，亦不之烂。如漆科珠，壮士接之，不能驻其指。及就，则似无穰骨也。炙之，则其节若倪倪如婴儿之臂耳。
>
> 既而承热用纸囊贮之，精华之气，无所散越，候寒末之。

在开始制作饼茶的时候，即使是很柔嫩的芽叶也要在蒸好后趁热去捣。即使用蛮力，拿很重的杆也不用怕嫩芽被捣烂，反而粗茶梗子更容易被捣烂。这就同圆滑的漆树籽粒，虽然轻而小，但壮士反而捏不住它是一个道理。捣好后，要达到一条梗子也没有的程度。如此制成的饼茶在烤的时候，柔软得就像婴儿的手臂。烤好了，趁热用纸袋装起来，使它的香气不致散发，等冷却后再碾成末。

其火，用炭，次用劲薪。其炭，曾经燔炙，为膻腻所及，及膏木、败器，不用之。古人有劳薪之味，信哉！

烤饼茶的火，最好用木炭，其次用火力强的柴（如桑、槐之类）。曾经烤过肉，染上了腥膻油腻气味的炭，或是有油烟的柴以及朽坏的木器，都不能用。古人说："用朽坏的木制器具烧煮食物，会有怪味"，确实如此。

其水，用山水上，江水中，井水下。其山水，拣乳泉、石池漫流者上；其瀑涌湍漱，勿食之，久食令人有颈疾。又水流于山谷者，澄浸不泄，自火天至霜郊以前，或潜龙畜毒于其间，饮者可决之，以流其恶，使新泉涓涓然，酌之。其江水，取去人远者。井，取汲多者。

煮茶的水，用山泉水最好，其次是江河的水，井水最差。山泉水，最好选取乳泉、石池漫流的水（这种水流动不急），奔涌湍急的水不要饮用，常喝这种水会使人颈部生病。几处溪流汇合，停蓄于山谷的水，水虽澄清，但不流动。从热天到霜降前，也许有虫子潜伏其中，水质被污染，易产生毒素。应先挖开缺口，把污秽有毒的水放走，使新的泉水涓涓流入，然后饮用。江河的水，应到离人远的地方去取，井水要从有很多人汲水的井中汲取。

其沸，如鱼目，微有声，为一沸；缘边如涌泉连珠，为二沸；腾波鼓浪，为三沸。已上水老不可食也。

水煮沸了，有像鱼眼似的小泡，有轻微的响声，称作一沸。锅的边缘有泡连珠般地往上冒，称作二沸。水波翻腾，称作三沸。再继续煮，水老了，味不好，就不宜饮用了。

初沸，则水合量，调之以盐味，谓弃其啜余，无乃䤄䤄而钟其一味乎？第二沸出水一瓢，以竹夹环激汤心，则量末当中而下。有顷，势若奔涛溅沫，以所出水止之，而育其华也。

开始沸腾时，按照水量放适当的盐调味，把尝剩下的那点水泼掉。切莫因无味而过分加盐，否则，不就成了只有盐味，尝不出其他味道了！第二沸时，舀出一瓢水，再用竹夹在沸水中转圈搅动，用则量茶末，沿漩涡中心倒下。过一会儿，水大开，波涛翻滚，水沫飞溅，就把刚才舀出的水掺入，使水不再沸腾，以保养水面生成的华。

凡酌，置诸碗，令沫饽均。沫饽，汤之华也。华之薄者曰沫，厚者曰饽，细轻者曰花。如枣花漂漂然于环池之上，又如

143

回潭曲渚青萍之始生，又如晴天爽朗有浮云鳞然。其沫者，若绿钱浮于水湄，又如菊英堕于尊俎之中。饽者，以滓煮之，及沸，则重华累沫，皤皤然若积雪耳。《荈赋》所谓："焕如积雪，煜若春藪"，有之。

喝时，舀到碗里，让沫饽均匀。沫饽就是茶汤的华。薄的叫沫，厚的叫饽，细轻的叫花。花的样子，很像在圆形池塘上漂动的枣花，又像在回环曲折的潭水、绿洲间新生的浮萍，还像晴朗天空中的鳞状浮云。沫好似青苔浮在水边，又如菊花落入杯中。煮茶的渣滓时，水一沸腾，面上便堆起一层很厚的白色沫子，白白的像积雪一般，就是饽。《荈赋》中讲"明亮像积雪，光彩如春花"，真是这样。

第一煮水沸，弃其沫之上有水膜如黑云母，饮之则其味不正。其第一者为隽永，或留熟盂以贮之，以备育华救沸之用。诸第一与第二、第三碗次之，第四、第五碗外，非渴甚莫之饮。

凡煮水一升，酌分五碗，乘热连饮之，以重浊凝其下，精英浮其上。如冷，则精英随气而竭，饮啜不消亦然矣。

第一次煮开的水，应把沫上一层黑云母样的膜状物去掉，它的味道不好。从锅里舀出的第一道水，味美悠长，谓之隽永，通常贮放在熟盂里，以作育华止沸之用。此后，第一、第二、第三碗，味道略差些。第四、第五碗之外，要不是渴得太厉害，就不值得喝了。一般烧水一升，分作五碗，趁热喝完，因为此时重浊不清的物质凝聚在下面，精华浮在上面。等茶一冷，精华就随热气跑光了。要是喝得太多，也同样不好。

茶性俭，不宜广，广则其味黯澹。且如一满碗，啜半而味寡，况其广乎！

其色缃也。其馨䤅也。其味甘，槚也；不甘而苦，荈也；啜苦咽甘，茶也。

茶性俭，水不宜多放，多了，味道就会淡薄。就像一满碗茶，喝了一半，就觉得味道差些了，何况水加多了呢！茶汤颜色浅黄，香气四溢。味道甜的是槚，不甜而苦的是荈；入口时有苦味，咽下去又有回甘的是茶。

第二节　陆子煎茶法图解

备器

145

茶圣的绝学——陆子煎茶法

备炭

第五章　陆子煎茶法规程图解

取碗

洁具

147

茶圣的绝学——陆子煎茶法

炙茶

一、炙茶

用青竹夹轻轻夹住饼茶在炭火上炙烤。其目的是更好地激发出茶的香气。烤饼茶时,注意不要在通风的余火上烤,因为飘忽不定的火苗像钻头,会使茶受热不均匀;烤饼茶时要靠近炭火不停翻动,等到烤出凸起的像蛤蟆背上的小疙瘩一样的纹理后再离火五寸。当卷曲的饼茶又伸展开来时再烤一遍。炙茶时最好采用木炭,以避免油腥影响香气。把木炭烧到发红且没有明火为最佳时机。

冷却

碾茶

二、碾末

炙烤过后,趁着热气未散将茶装入纸囊储藏,防止香气散开。待茶冷却以后,用碾子将其碾成如菱角米一般大小的细末,最后经罗合过筛备用。

过筛

茶圣的绝学——陆子煎茶法

滤水

三、择水

水为茶之母。陆羽认为：煮茶的水，以山泉水为最好，其次是江河的水，井水最差。山泉水，最好选取乳泉、石池漫流的水。在陆羽的故乡天门，煎茶最佳的水是陆羽当年煎茶时用过的陆子泉，泉水清冽甘甜。

一沸

第五章　陆子煎茶法规程图解

投盐

取水

151

茶圣的绝学——陆子煎茶法

二沸

搅拌

投茶

育华

四、煮茶

取水三瓢，放入镬中。待水中出现鱼目一般的气泡并伴有微响时称为"一沸"，此时投入食盐大约1.5克并品尝盐水的浓度，以几乎感觉不到咸味为宜。《茶经》中讲道："第一煮水沸，而弃其沫，之上有水膜，如黑云母，饮之则其味不正。"随着现代制铁和水过滤技术的发展，这层黑云母一般的膜已经不会出现，故而可以省略这一步。

当镬的边缘有气泡连珠般往上冒时称为"二沸"。舀一瓢水放入熟盂内备用，用于止沸育华。再用木勺在沸水中转圈搅动形成漩涡。用则将适量的茶末沿漩涡中心投入。

水波翻腾称为"三沸"。《茶经》中说三沸时水就老了，所以要在三沸之前把刚刚舀出的水掺入，使锅中的水不再沸腾，以保留水面上生成的华。这样，茶就煮好了。而所谓华，就是茶汤中的饽沫，是茶汤的精华。

五、分汤

喝茶时，将茶汤舀到碗里，让沫饽均匀。陆羽对瓷制茶碗的出产已有详细的解说。这里采用陆羽较为青睐的青瓷、白瓷、黄瓷、褐瓷四款瓷制茶碗呈现茶汤。

分汤

第三节　烹、煮、煎

是烹茶、煮茶，还是煎茶？在历代文献和诗词中三者都有述及，其实三者表达的基本是同一个意思，但也值得细究一二。

总体上说，烹的意思较为宽泛。"烹饪"一词本就表示使一切饮食材料由生转熟的过程。日本学者高桥忠彦也曾撰文分析这个问题，大致是说煮与煎是同义的，都是放在锅里用开水加热的意思。当然，煎也还可以是用油加热，而且比起煮，煎还有反复、长时间煮的意思，比如煎熬、煎药。

陆羽在《茶经》中喜欢用煮，所以第五章是"五之煮"。受《茶经》强烈影响的皮日休在《茶中杂咏》中有"煮茶"的题目，陆龟蒙的《奉和袭美茶具十咏》中也有诗题为《煮茶》。

陆羽之后的许多史料都使用煎。《封氏闻见记》中说"煎茶卖之，不问道俗"，这是被广为引用的唐代煎茶史料；《唐才子传》中说，张又新"喜嗜茶，恨在陆羽后，自著《煎茶水记》一卷"，索性连书名中都用了"煎茶"；特别是《因话录》中评价陆羽"性嗜茶，始创煎茶法"，更是有一种为陆子煎茶法定性的意思。

被后世尊为茶中"亚圣"的卢仝，在其脍炙人口的《七碗茶歌·走笔谢孟谏议寄新茶》中有"柴门反关无俗客，纱帽笼头自煎吃"，在《萧宅二三子赠答诗二十首·客谢竹》中有"君若随我行，必有煎茶厄"。可见，他也属于煎茶派。

不只如此，白居易也特别喜欢用"煎茶"。白居易的茶诗达数十首，对于茶、茗，使用"煎"的诗包括：《萧员外寄新蜀茶》中的"蜀茶寄到但惊新，渭水煎来始觉珍"，《春末夏初闲游江郭》中的"嫩剥青菱角，浓煎白茗芽"，《谢李六郎中寄新蜀茶》中的"汤添勺水煎鱼眼，末下刀圭搅曲尘"，《新昌新居书事四十韵因寄元郎中张博士》中的"蛮榼来方泻，蒙茶到始煎"，《山泉煎茶有怀》中的"坐酌泠泠水，看煎瑟瑟尘"，《晚起》中的"融雪煎香茗，调酥煮乳糜"，

茶圣的绝学——陆子煎茶法

《池上逐凉二首》中的"棹遣秃头奴子拨，茶教纤手侍儿煎"这七例；使用"煮"的诗只有《清明日送韦侍御贬虔州》中的"留饧和冷粥，出火煮新茶"一例。煎、煮在意思上并无区别，或许是诗人出于诗句平仄的考虑，总体上侧重于"煎"。白居易这样拥有巨大影响力的诗人都力推"煎茶"二字，煎茶对后世的影响有多大可想而知。

总而言之，煮茶与煎茶是一回事，陆羽爱用"煮茶"，后世则多爱用"煎茶"。

还要指出的是，日本茶道中相对于抹茶道的另一大流派是煎茶道，虽然日本的煎茶道实则是延续中国明清时期的散茶冲泡，但他们在精神上打着恢复陆羽煎茶的旗号，使用了"煎茶道"之名，并且将卢仝尊为煎茶鼻祖之一，但煎茶道的实际开拓者是明末清初渡日的高僧隐元隆琦。日本诗人松井汶村在《云华园铭》中写道："檗山禅师来朝后，制唐茶之锅煎。世号隐元茶。"他的诗有力地证明了这一论断。其实，日本煎茶道与陆子煎茶法有着本质的区别。

第六章

陆子煎茶的品饮艺术

第六章　陆子煎茶的品饮艺术

第一节　《茶经》六之饮释读

翼而飞，毛而走，呿（qū）而言，此三者俱生于天地间，饮啄以活，饮之时义远矣哉！至若救渴，饮之以浆；蠲（juān）忧忿，饮之以酒；荡昏寐，饮之以茶。

禽鸟有翅而飞，兽类毛丰而跑，人开口能言，这三者都生在天地间。依靠喝水、吃东西来维持生命活动，可见喝饮的作用重大、意义深远。为了解渴，要喝水；为了兴奋而消愁解闷，要喝酒；为了提神而驱除困意，则要喝茶。

茶之为饮，发乎神农氏，闻于鲁周公。齐有晏婴，汉有扬雄、司马相如，吴有韦曜，晋有刘琨、张载、远祖纳、谢安、左思之徒，皆饮焉。滂时浸俗，盛于国朝。两都并荆俞间，以为比屋之饮。

茶作为饮料，始于神农氏，由周公旦作了文字记载而为大家所知。春秋时期齐国的晏婴，汉代的扬雄、司马相如，三国时期吴国的韦曜，晋代的刘琨、张载、陆纳、谢安、左思等人，都爱喝茶。后来饮茶流传日益广泛，逐渐形成风气，到了唐朝，达于极盛。在西安、洛阳两个都城和江陵（今荆州）、渝州（今重庆）等地，竟是家家户户都饮茶。

茶圣的绝学——陆子煎茶法

> 饮有觕茶、散茶、末茶、饼茶者,乃斫、乃熬、乃炀、乃舂,贮于瓶缶之中。以汤沃焉,谓之痷茶;或用葱、姜、枣、橘皮、茱萸、薄荷之属煮之百沸,或扬令滑,或煮去沫,斯沟渠间弃水耳,而习俗不已,于戏!

茶的种类,有粗茶、散茶、末茶和饼茶。(饮用饼茶时)用刀砍开、炒、烤干、捣碎,放到瓶瓯中,用开水冲泡,这叫作夹生茶,或加葱、姜、枣、橘皮、茱萸、薄荷等,煮开很长的时间,把茶汤扬起使之变清,或煮好后把茶上的沫去掉,这样煮出来的茶无异于倒在沟渠里的废水,可是一般人却习惯这么做!陆羽为了提倡陆子煎茶法的清饮,故意说了很激烈的话:"斯沟渠间弃水耳!"

陆羽著《茶经》之前,大唐流行的烹茶方式还是前朝采用的痷茶和茗粥。如东晋郭璞注释《尔雅注》,说苦荼"树小如栀子,冬生叶,可煮羹饮"。唐代诗人储光羲的《吃茗粥作》中有诗句:"淹留膳茶粥,共我饮蕨薇。"这些文献记载都反映出自魏晋到中唐,人们以茶做羹、粥的情况很普遍。

皮日休说:"然季疵(陆羽)以前称茗饮者,必浑以烹之。与夫瀹蔬而啜者无异也。"即便是在《茶经》推崇清饮之后,仍有不少人将茶、食同煮。直到现代,其实有很多民族、地区还保留着这样的茶俗。

> 天育万物,皆有至妙,人之所工,但猎浅易。所庇者屋,屋精极;所著者衣,衣精极;所饱者饮食,食与酒皆精极之。茶有九难:一曰造,二曰别,三曰器,四曰火,五曰水,六

日炙，七日末，八日煮，九日饮。阴采夜焙，非造也；嚼味嗅香，非别也；膻鼎腥瓯，非器也；膏薪庖炭，非火也；飞湍壅潦，非水也；外熟内生，非炙也；碧粉缥尘，非末也；操艰搅遽，非煮也；夏兴冬废，非饮也。

天生万物，都有它最精妙之处；人们擅长的，只是那些浅显易做的。住的是房屋，房屋构造精致极了；穿的是衣服，衣服做得讲究极了；饱肚子的是饮食，食物和酒都精美极了。（而饮茶呢？却不擅长。）概言之，茶有九难：一是制造，二是识别，三是器具，四是火力，五是水质，六是炙烤，七是捣碎，八是煎煮，九是品饮。阴天采，夜间焙，则制造不当；凭口嚼辨味、鼻闻辨香，则鉴别不当；用沾染了膻气的锅与腥气的盆，则器具不当；用产生油烟的柴和烤过肉的炭，则燃料不当；用流动得很急或不流动的水，则用水不当；烤得外熟内生，则炙烤不当；捣得太细，成了绿色的粉末，则捣碎不当；操作不熟练，搅动得太急，则烧煮不当；夏天才喝，而冬天不喝，则饮用不当。

夫珍鲜馥烈者，其碗数三；次之者，碗数五。若坐客数至五，行三碗；至七，行五碗；若六人已下，不约碗数，但阙一人而已，其隽永补所阙人。

陆羽给茶味定了标准，好茶味要珍鲜馥烈、要隽永，意即清爽、浓香、醇和。

但总让人感觉这一段写得语焉不详，陆羽认为，煎茶时最开始的沫饽最为鲜美,茶味隽永。对于"其隽永补所阙人",以吴觉农主编的《茶经述评》为代表的作品中有大量注释将其解释为"用原先留出的最好的茶汤来补所缺的人就可以了"。这很令人费解,以茶会友讲究公平,为什么把原先留出的"茶汤"全部给一个人喝呢?原先留出的鲜美的"茶汤"应该是用来调配因人数增加而变淡的茶汤。"其隽永补所阙人",应该不是补给一个人,而是由分茶者按照碗数的多少,合理地调配出浓淡均匀的茶汤之意。

陆羽反复强调酌茶不超过五碗,反映了他提倡的是品茗之趣,而不是为了止渴。前三碗茶味最佳,后两碗次之。行茶颇有讲究,有客五人,从釜中舀出三碗茶汤,所缺两碗用"隽永"补之。有客七人,从釜中舀出五碗茶汤,所缺两碗亦用"隽永"补之。万不可因客人多而添水,使茶味变得寡淡。

吃茶也有讲究,这在《茶经·五之煮》中就有交代。"乘热连饮之,以重浊凝其下,精英浮其上。如冷,则精英随气而竭,饮啜不消亦然矣。茶性俭,不宜广,广则其味黯澹。且如一满碗,啜半而味寡,况其广乎!"强调热饮,其好处并非沫饽不消、精英不竭,主要是热则醇香,冷则伤胃。陆羽力主热饮是科学的,有利于养生。

事实上,人类从喝生水过渡到把水煮开后喝熟水是一个革命性的改变,这大大延长了人类的寿命。从列维-斯特劳斯的结构主义人类学角度观察,食物从生到熟对于人至关重要。

至此,陆子煎茶法解说完毕。

第六章　陆子煎茶的品饮艺术

隽永

第二节　历代诗人咏陆子煎茶法

诗僧皎然是陆羽亦师亦友的知交，也是煎茶的高手。他的《饮茶歌诮崔石使君》不但淋漓尽致地表现了煎茶法，而且是最早出现"茶道"二字的诗篇：

> 越人遗我剡溪茗，采得金芽爨金鼎。
> 素瓷雪色缥沫香，何似诸仙琼蕊浆。
> 一饮涤昏寐，情思朗爽满天地。
> 再饮清我神，忽如飞雨洒轻尘。
> 三饮便得道，何须苦心破烦恼。
> 此物清高世莫知，世人饮酒多自欺。
> 愁看毕卓瓮间夜，笑向陶潜篱下时。
> 崔侯啜之意不已，狂歌一曲惊人耳。
> 孰知茶道全尔真，唯有丹丘得如此。

卢仝的《走笔谢孟谏议寄新茶》又称《七碗茶歌》，节选煎茶品饮部分如下：

> 柴门反关无俗客，纱帽笼头自煎吃。
> 碧云引风吹不断，白花浮光凝碗面。
> 一碗喉吻润，二碗破孤闷；
> 三碗搜枯肠，惟有文字五千卷；
> 四碗发轻汗，平生不平事，尽向毛孔散；

> 五碗肌骨清，六碗通仙灵；
> 七碗吃不得也，唯觉两腋习习清风生。
> 蓬莱山，在何处？
> 玉川子，乘此清风欲归去。
> 山上群仙司下土，地位清高隔风雨。
> 安得知百万亿苍生命，堕在颠崖受辛苦！
> 便为谏议问苍生，到头还得苏息否？

白居易的《睡后茶兴忆杨同州》：

> 昨晚饮太多，嵬峨连宵醉。
> 今朝餐又饱，烂漫移时睡。
> 睡足摩挲眼，眼前无一事。
> 信脚绕池行，偶然得幽致。
> 婆娑绿阴树，斑驳青苔地。
> 此处置绳床，傍边洗茶器。
> 白瓷瓯甚洁，红炉炭方炽。
> 沫下麹尘香，花浮鱼眼沸。
> 盛来有佳色，咽罢馀芳气。
> 不见杨慕巢，谁人知此味。

皮日休的《茶中杂咏·煮茶》：

> 香泉一合乳，煎作连珠沸。

时有蟹目溅,乍见鱼鳞起。
声疑松带雨,饽恐生烟翠。
傥把沥中山,必无千日醉。

陆龟蒙的《奉和袭美茶具十咏·煮茶》:

闲来松间坐,看煮松上雪。
时于浪花里,并下蓝英末。
倾余精爽健,忽似氛埃灭。
不合别观书,但宜窥玉札。

崔珏的《美人尝茶行》:

云鬟枕落困春泥,玉郎为碾瑟瑟尘。
闲教鹦鹉啄窗响,和娇扶起浓睡人。
银瓶贮泉水一掬,松雨声来乳花熟。
朱唇啜破绿云时,咽入香喉爽红玉。
明眸渐开横秋水,手拨丝簧醉心起。
台前却坐推金筝,不语思量梦中事。

晚唐诗人秦韬玉,作《采茶歌》描写了陆羽煎茶法由采到煮再到饮的全过程:

天柱香芽露香发,烂研瑟瑟穿荻篾。

第六章　陆子煎茶的品饮艺术

太守怜才寄野人，山童碾破团团月。
倚云便酌泉声煮，兽炭潜然虬珠吐。
看著晴天早日明，鼎中飒飒筛风雨。
老翠香尘下才熟，搅时绕箸天云绿。
耽书病酒两多情，坐对闽瓯睡先足。
洗我胸中幽思清，鬼神应愁歌欲成。

晚唐诗人李咸用的《谢僧寄茶》与秦韬玉的《采茶歌》异曲同工：

空门少年初志坚，摘芳为药除睡眠。
匡山茗树朝阳偏，暖萌如爪挐飞鸢。
枝枝膏露凝滴圆，参差失向兜罗绵。
倾筐短甑蒸新鲜，白纻眼细匀于研。
砖排古砌春苔干，殷勤寄我清明前。
金槽无声飞碧烟，赤兽呵冰急铁喧。
林风夕和真珠泉，半匙青粉搅潺湲。
绿云轻绾湘娥鬟，尝来纵使重支枕，胡蝶寂寥空掩关。

徐铉虽是宋人，但他的《和门下殷侍郎新茶二十韵》还是表现了完整的陆子煎茶法：

暖吹入春园，新芽竞粲然。
才教鹰觜拆，未放雪花妍。
荷杖青林下，携筐旭景前。

孕灵资雨露，钟秀自山川。

碾后香弥远，烹来色更鲜。

名随土地贵，味逐水泉迁。

力藉流黄暖，形模紫笋圆。

正当钻柳火，遥想涌金泉。

任道时新物，须依古法煎。

轻瓯浮绿乳，孤灶散余烟。

甘荠非予匹，宫槐让我先。

竹孤空冉冉，荷弱谩田田。

解渴消残酒，清神感夜眠。

十浆何足馈，百榼尽堪捐。

采撷唯忧晚，营求不计钱。

任公因焙显，陆氏有经传。

爱甚真成癖，尝多合得仙。

亭台虚静处，风月艳阳天。

自可临泉石，何妨杂管弦。

东山似蒙顶，愿得从诸贤。

刘兼的《从弟舍人惠茶》中有"龟背起纹轻炙处"。

白居易的《游宝称寺》云："酒嫩倾金液，茶新碾玉尘。"《谢李六郎中寄新蜀茶》讲："汤添勺水煎鱼眼，末下刀圭搅曲尘。"《山泉煎茶有怀》说："坐酌泠泠水，看煎瑟瑟尘。"《立秋夕有怀梦得》云："夜茶一两杓，秋吟三数声。"

司空图的《力疾山下吴村看杏花十九首(第十一首)》说："客

来须共醒醒看，碾尽明昌几角茶。"

李群玉的《答友人寄新茗》中有"满火芳香碾麴尘"。李群玉的《龙山人惠石廪方及团茶》说："滩声起鱼眼，满鼎漂清霞。"

薛能的《蜀州郑史君寄鸟觜茶因以赠答八韵》说："拒碾乾声细，撑封利颖斜。"

成彦雄的《煎茶》中有"蜀茶倩个云僧碾"。

崔珏的《美人尝茶行》中有"玉郎为碾瑟瑟尘"。又有："银瓶贮泉水一掬，松雨声来乳花熟。"

齐己的《尝茶》云："石屋晚烟生，松窗铁碾声。"

曹邺（一作李德裕）的《故人寄茶》说："开时微月上，碾处乱泉声。"又曰："半夜邀僧至，孤吟对竹烹。碧沉霞脚碎，香泛乳花轻。六腑睡神去，数朝诗思清。其余不敢费，留伴读书行。"

徐夤的《尚书惠蜡面茶》中有"金槽和碾沉香末"。

元稹的《一字至七字诗·茶》中有"罗织红纱""铫煎黄蕊色"。

刘禹锡的《西山兰若试茶歌》中有"骤雨松声入鼎来，白云满碗花徘徊"。

崔道融的《谢朱常侍寄贶蜀茶、剡纸二首》讲："瑟瑟香尘瑟瑟泉，惊风骤雨起炉烟。""一瓯解却心中醉，便觉身轻欲上天。"

郑愚的《茶诗》说："唯忧碧粉散，常见绿花生。"

施肩吾的《蜀茗词》中有"薄烟轻处搅来匀"。

吕岩的《大云寺茶诗》讲："兔毛瓯浅香云白，虾眼汤翻细浪俱。断送睡魔离几席，增添清气入肌肤。"

皎然的《晦夜李侍御萼宅集招潘述、汤衡、海上人饮茶赋》云："晦夜不生月，琴轩犹为开。墙东隐者在，淇上逸僧来。茗爱传花饮，诗看卷素裁。风流高此会，晓景屡裴回。"

钱起的《与赵莒茶宴》曰："竹下忘言对紫茶，全胜羽客醉流霞。尘心洗尽兴难尽，一树蝉声片影斜。"

温庭筠的《赠隐者》云："采茶溪树绿，煮药石泉清。不问人间事，忘机过此生。"

戴叔伦的《春日访山人》曰："远访山中客，分泉漫煮茶。相携林下坐，共惜鬓边华。"

孟郊的《宿空侄院寄澹公》讲："雪檐晴滴滴，茗碗华举举。"

曹松的《宿溪僧院》说："煎茶留静者，靠月坐苍山。"

姚合的《寄元绪上人》曰："研露题诗洁，消水煮茗香。闲云春影薄，孤磬夜声长。"

李中的《晋陵县夏日作》讲："依经煎绿茗，入竹就清风。"

李嘉祐的《同皇甫侍御题荐福寺一公房》说："啜茗翻真偈，然灯继夕阳。"《秋晓招隐寺东峰茶宴，送内弟阎伯均归江州》云："幸有香茶留雅子，不堪秋草送王孙。"

牟融的《游报本寺》讲："茶烟袅袅笼禅榻，竹影萧萧扫径苔。"

李德裕的《忆茗芽》说："饮罢闲无事，扪萝溪上行。"

……

以上都是唐代诗人咏茶的诗句，唐五代之后中国的茶法逐渐从煎茶法演变为点茶法，但仍有许多诗歌描写陆子煎茶法。比如：

北宋王禹偁的《惠山寺留题》说："好抛此日陶潜米，学煮当年陆羽茶。"

北宋黄庭坚的《今岁官茶极妙而难为赏音者戏作两诗用前韵》讲："青箬湖边寻顾陆，白莲社里觅宗雷。"

第六章　陆子煎茶的品饮艺术

北宋文同的《谢许判官惠茶图茶诗》云："成图画茶器，满幅写茶诗。会说工全妙，深谙句特奇。尽将为远赠，留与作闲资。便觉新来癖，浑如陆季疵。"

北宋吕南公的《以双井茶寄道先从以长句》曰："银锅焚蟹眼，金匕搅云骨。陆叟片无三，卢翁碗论七。"

北宋刘挚的《煎茶》说："论功著为经，宜得鸿渐夸。"

元代赵原的《题陆羽煎茶图二首》云："睡起山斋渴思长，呼童煎茗涤枯肠。软尘落碾龙团绿，活水翻铛蟹眼黄。耳底雷鸣轻着韵，鼻端风过细闻香。一瓯洗得双瞳豁，饱玩苕溪云水乡。""山中茅屋是谁家，兀坐闲吟到日斜。俗客不来山鸟散，呼童汲水煮新茶。"

明代祝枝山的《和竹茶炉诗》讲："陆氏铜炉应在右，韩公石鼎敢争前。"

明代钱子正的《题仲毅侄煮茗轩》曰："多事君谟非易办，求全鸿渐岂忘机。大瓢小杓乌纱帽，相伴卢仝到落晖。"

《封氏闻见记》卷六《饮茶》一篇对陆羽其人以及陆子煎茶法的描述与品评亦非常重要，其中关于陆羽的部分后被录入《新唐书》卷一百九十六《隐逸·陆羽传》。

茶，早采者为茶，晚采者为茗。《本草》云："止渴，令人不眠。"南人好饮之，北人初不多饮。开元中，泰山灵岩寺有降魔师大兴禅教，学禅务于不寐，又不夕食，皆恃其饮茶。人自怀挟，到处煮饮。从此转相仿效，遂成风俗。起自邹、齐、沧、棣，渐至京邑。城市多开店铺，煎茶卖之，不问道俗，投钱取饮。其茶自江淮而来,舟车相继,所在山积,色类甚多。

楚人陆鸿渐为茶论,说茶之功效并煎茶炙茶之法,造茶具二十四事,以都统笼贮之。远近倾慕,好事者家藏一副。有常伯熊者,又因鸿渐之论广润色之。于是,茶道大行,王公朝士无不饮者。

御史大夫李季卿宣慰江南,至临淮县馆。或言伯熊善茶者,李公请为之。伯熊著黄被衫、戴乌纱帽,手执茶器,口道茶名,区分指点,左右刮目。茶熟,李公为啜两杯而止。既到江外,又言鸿渐能茶者,李公复请为之。鸿渐身衣野服,随茶具而入。既坐,教摊如伯熊故事。李公心鄙之,茶毕,命奴子取钱三十文酬煎茶博士。鸿渐游江介,通狎胜流,及此羞愧,复著《毁茶论》。

伯熊饮茶过度,遂患风气,晚节亦不劝人多饮也。吴主孙皓每宴群臣,皆令尽醉。韦昭饮酒不多,皓密使茶茗以自代。晋时谢安诣陆纳,纳无所供办,设茶果而已。按此,古人亦饮茶耳,但不如今人溺之甚。穷日尽夜,殆成风俗。始自中地,流于塞外。往年回鹘入朝,大驱名马,市茶而归,亦足怪焉。《续搜神记》云:"有人因病能饮茗一斛二斗,有客劝饮过五升,遂吐一物,形如牛胰。置柈中,以茗浇之,容一斛二斗。客云'此名茗瘕'。"

与陆羽同时代的封演熟知陆羽著《茶经》、创立煎茶、炙茶之法和茶具二十四事。他说受陆鸿渐影响,不少人也置备了茶具。特别是常伯熊其人,学习陆羽《茶经》后在技法表演上多有发挥,使之增光添彩。

可见，当时茶道已广泛流传于朝野。时任御史大夫李季卿先后观看熊、陆二人的茶道表演。从穿衣戴帽到语言动作，常伯熊的刻意表演在先，赢得其赞赏；而后陆羽身着野服，随意自然的程式似无新意，因被鄙之，致使自诩清高的陆羽感到耻辱，回去后写了《毁茶论》。

我们由此可以想象到，陆羽的表演朴实无华，偏重的是道，是养身修性，而不是观看的艺术形式。由此可见，茶与水的艺术展示与戏剧式茶艺表演，两种流派古已有之。

《封氏闻见记·饮茶》中的"楚人陆鸿渐为茶论"，以及后来《新唐书·隐逸·陆羽传》又记载"羽嗜茶，著经三篇，言茶之源、之法、之具尤备，天下益知饮茶矣"，都反映出陆羽在陆子煎茶法的基础上已经形成茶道。

第七章

陆子的茶道

一、陆羽生平

陆羽的生与死都是谜。

陆羽（约733—804年），唐代复州竟陵（今湖北天门）人，字鸿渐，一名疾，字季疵，自称桑苎翁，又号东冈子。他原本是个弃婴（一说是遗孤），年幼时为天门龙盖寺（后改名为西塔寺）智积禅师（又称积公）在湖滨捡得，收养于寺院之中。在《新唐书》《唐才子传》《唐诗纪事》中，均称陆羽不知其生年和父母。但在《全唐文·陆文学自传》中，说陆羽在"上元辛丑岁"时，年方"二十有九"。而上元辛丑岁是唐肃宗上元二年（761年）。由此，姑且推算出陆羽生于733年。陆羽卒于唐德宗贞元二十年（804年）。可也有人觉得陆羽出生年月按此推理缺少前提，为此在《中国人名大词典》等一些典籍中，把陆羽出生年份标注为"733？"。

陆羽生平富有传奇色彩。陆羽年幼时，在习学的同时，还学

陆羽出生地古雁桥遗迹（原址有变动，现在天门陆羽公园内）

了不少茶事知识。但他身入寺院，却不愿学佛，更不愿皈依佛门，坚持读儒学。十一二岁时他逃离寺院，加入戏班，做过"伶工"（即艺人）。约十三岁时，正值河南府尹李齐物贬官为竟陵太守，陆羽的才华引起了李氏的关注。他送给陆羽诗书，又介绍陆羽去竟陵火门山邹夫子处读书。陆羽拜师读书后，仍不忘茶事，常去附近的龙尾山考察茶事，为师煮茗。如此，转眼到了天宝十一载（752年），陆羽约在二十岁时，拜别邹夫子回到竟陵。是年，陆羽又拜开元进士，曾当过朝廷重臣，后又被贬官到竟陵做司马的崔国辅（678—755年）为师。《陆文学自传》曰："属礼部郎中崔公国辅出守竟陵，因与之游处。凡三年，赠白驴乌犎牛一头，文槐书函

湖北黄梅挪步园茶场山中人迹罕至的陆羽"望茶石"古迹，
当地流传智积禅师曾带少年陆羽到此朝圣（潘城 摄）

第七章　陆子的茶道

明代郭诩1514年绘《竟陵山水图》中的"东冈石湖"，
表现了陆羽隐居东冈草堂的风貌（童正祥提供）

一枚……"其间，陆羽的学问大有长进，为他后来研究茶学打下了深厚的根基。

天宝十三载（754年），陆羽拜别恩师崔公，离开竟陵，自此一心踏上了探茶之路。他出游义阳、巴山、峡州等地，品"真香茗"，尝峡州茶，啖蛤蟆泉。次年，陆羽又回竟陵定居。

天宝十五载（756年），陆羽在安史之乱前后再次离开家乡，广游鄂西、川东、川南、豫南、鄂东、赣北、皖南、皖北、苏南等地，跋山涉水，考察茶事，品泉鉴水，勇于探究，搜集了大量茶事资料，为日后撰写《茶经》积累了资料。

乾元元年（758年），陆羽去江苏调研茶事，品江苏丹阳观音寺水、扬州大明寺泉。后因受战事牵制，他又南下杭州考察茶事，住在灵隐寺，与住持达标相识，结为至交，并对天竺、灵隐两寺产茶及茶的品第作了评述。

上元元年（760年），陆羽到浙江湖州考察茶事。该地盛产名茶。其间，陆羽结识了既精通禅宗又深懂茶道的杼山妙喜寺诗僧皎然，两人志趣相投，常在一起品茶论道，遂成忘年之交。

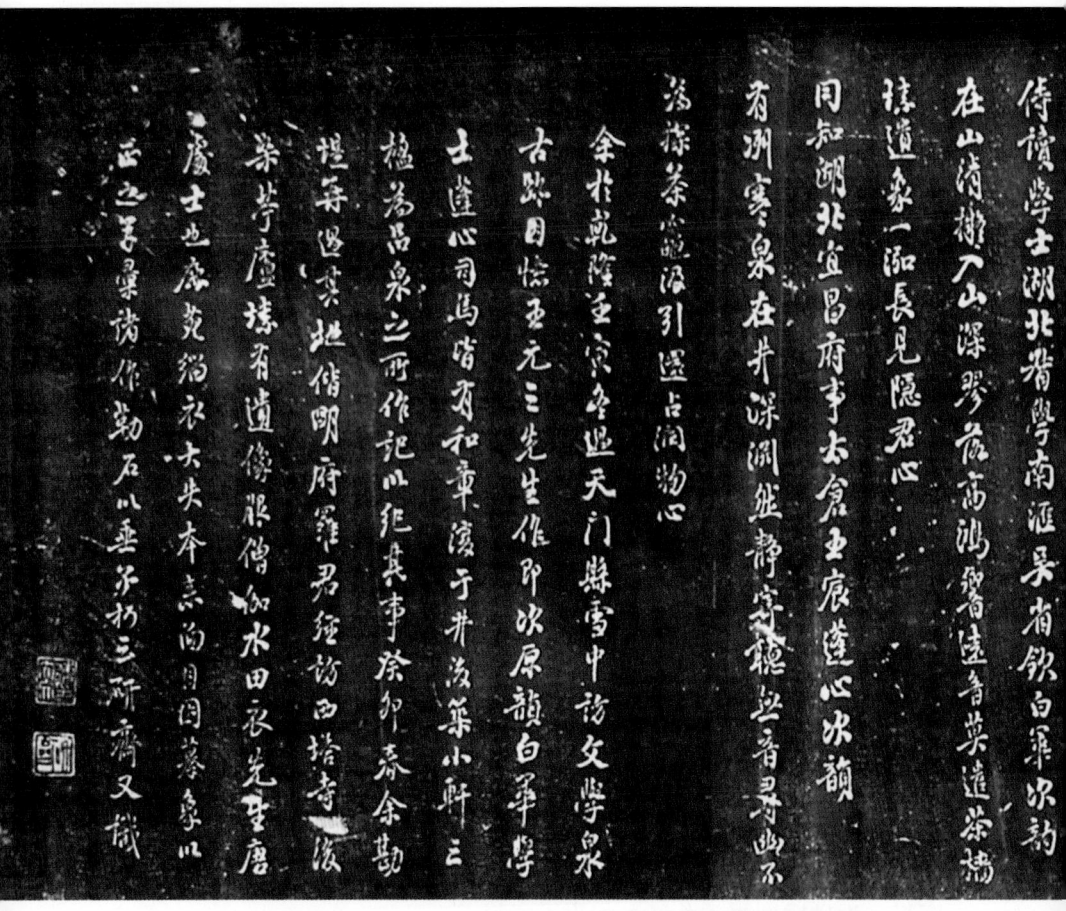

清代刻唐处士陆鸿渐小像碑拓片是目前发现最早的陆羽画像

上元二年（761年），陆羽作《自传》，后人称"陆文学自传"。如此，至宝应元年（762年）间，陆羽平日隐居湖州苕溪之滨的桑苎园草堂，常去湖州长兴县顾渚山考察名茶紫笋，"结庐于苕溪之湄，闭关对书，不杂非类，名僧高士，谈宴永日，常扁舟往山寺……"同时，陆羽还与师友品茗吟诗，留下众多联句茶诗。有

第七章 陆子的茶道

一派学者认为《茶经》应该是在这一时期就完成了的,当时陆羽二十八九岁。

其间,陆羽又去江苏无锡品惠山泉水,到苏州虎丘品石泉水,还品尝过吴淞江水,这些事都可在他以后的著述中找到印证。

宝应二年(763 年),陆羽去杭州考察茶事,对天竺、灵隐两

茶圣的绝学——陆子煎茶法

欧阳修书《集古录》跋文中的"陆文学传"跋（台北故宫博物院藏）

寺产茶及茶的品第作了评述。同时，他又去杭州的径山、双溪一带把泉品茶，足迹遍布浙北和苏南茶区，采集了大量的茶事资料。而苏杭一带，历来是文人墨客云集之地，陆羽在此结识了许多贤达名士，从中又得到了许多素材。终于在永泰元年（765年），陆羽完成了茶叶专著《茶经》的初稿，时人竞相传抄。从陆羽好友、诗人耿㳭《连句多暇赠陆三山人》中的"一生为墨客，几世作茶仙"，就可知陆羽其时已名声在外。其时，陆羽移居湖州青塘别业，进一步专心致志研究茶学，审订《茶经》，继续寻究茶事，充实内容。其好友皎然去房舍找他不遇，感慨之余，写下了《寻陆鸿渐不遇》："移家虽带郭，野径入桑麻。近种篱边菊，秋来未著花。扣门无犬吠，欲去问西家。报道山中去，归时每日斜。"诗句表达了皎然对陆羽专心茶事精神的由衷敬佩。

大历八年（773年），在皎然的引荐下，陆羽参加了时任湖州刺史颜真卿的《韵海镜源》续编工作，他有幸博览群书，从古籍中辑录了大量有关古代茶事的资料。于是，从大历十年（775年）开始，陆羽在《茶经》中充实了大量有关茶事的历史资料，又增加了一些茶事内容，遂于建中元年（780年）前后，《茶经》被刻印成书，正式问世。

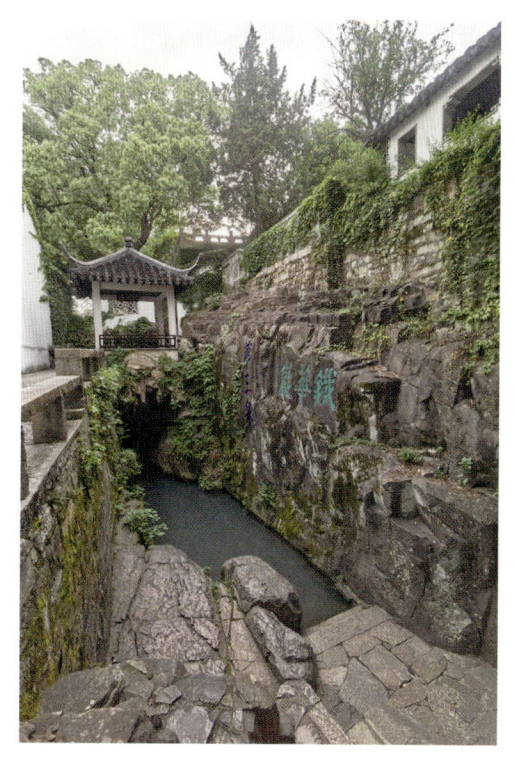

苏州虎丘陆羽泉（潘城 摄）

这样，从陆羽在寺院长大到六七岁跟积公学烹茶开始，到《茶经》问世止，陆羽前后共倾注了四十多年的心血，才得以完成一部举世瞩目的《茶经》，从而奠定了中国茶及茶文化学科的基础。这一说法是目前为大众普遍接受的主流观点，但对于该说法也存有疑问，比如唐代的书是以卷的形式流传，所以《茶经》分为三卷，不应"刻印成书，正式问世"。因而以天门童正祥为代表的学者认为，

《茶经》成书于761年，陆羽当时约二十八岁，并且此后也并未对《茶经》再作补充修改。

建中四年（783年），陆羽移居江西上饶，建宅筑亭挖塘，栽茶种竹会友，并应洪州（今江西省南昌市）御史肖瑜之邀，寓居洪州玉之观，编《陆羽移居洪州玉之观诗》一辑。权德舆为之作序。

贞元五年（789年），陆羽应岭南节度使、李齐物之子李复之邀，辅佐李复。次年，陆羽回洪州，仍居玉之观。

贞元八年（792年），陆羽返回湖州青塘别业，著书立说。

贞元十年（794年），陆羽移居江苏苏州，在虎丘山结庐，凿井种茶，平静休养。

贞元十五年（799年），陆羽重回湖州，安度晚年。

贞元二十年（804年），陆羽离世于湖州青塘别业，终年七十二岁。

天门陆文学泉，俗称三眼井，旁有清代乾隆时期"文学泉"碑（潘城 摄）

第七章　陆子的茶道

文学泉碑拓片
（日本学者诸冈存藏）

文学泉碑阴面书"品茶真迹"拓片
（日本学者诸冈存藏）

关于陆羽的晚年以及终焉之地有另一种说法。湖北天门的学者列举的很多证据表明，陆羽自792年从李复处离开后，归隐故乡竟陵，回到出生地，最后逝世并葬于竟陵的覆釜洲，并非死在湖州。

陆羽在事业上取得的成就是多方面的，只是，他在其他方面取得的业绩，被其在茶及茶文化领域取得的辉煌成就所掩盖。

二、大唐的茶道思想

也许是受日本茶道的影响，中国茶人一直都纠结于中国茶道的问题。与其说是大唐的茶道思想，不如说是我们现代人对陆羽在唐代所开启的茶事、茶法的茶道化言说。

如果将制茶、饮茶的规范，也就是茶法，作为茶道的前提，那么早在中国茶文化的滥觞魏晋时期，就已经产生了陆子煎茶法乃至茶道的雏形，那就是西晋杜育的《荈赋》：

灵山惟岳，奇产所钟。瞻彼卷阿，实曰夕阳。厥生荈草，弥谷被岗。承丰壤之滋润，受甘露之霄降。月惟初秋，农功少休；结偶同旅，是采是求。水则岷方之注，挹彼清流；器择陶简，出自东隅；酌之以匏，取式公刘。惟兹初成，沫沉华浮。焕如积雪，晔若春敷。若乃淳染真辰，色绩青霜，氤氲馨香，白黄若虚。调神和内，倦解慵除。

该文记载了茶从种植到品饮的全过程，体现了那个时代原始茶道中的生活之美。满山满谷的荈草，择水是"挹彼清流"的"岷方之注"；选器也与陆羽的看法一致，"器择陶简，出自东隅"；分茶"酌之以匏"；煮茶"沫沉华浮"，都体现了煎茶法的精要。最后，让饮茶之人"调神和内，倦解慵除"，达到满足精神诉求的目的。

陆羽《茶经》当中并没有直接出现"茶道"二字，这个重要的词语第一次亮相是在诗僧皎然的《饮茶歌诮崔石使君》一诗之中。

第七章　陆子的茶道

皎然是唐代著名的诗人，山水诗派的开拓者谢灵运的第十世孙，同时也是陆羽亦师亦友的莫逆之交。陆羽初到湖州，就住在皎然修行的寺院中，并与皎然一同活跃于当时顶级的"文化沙龙"——"湖州品饮集团"。湖州的许多学者认为皎然在某种意义上可以说是陆羽在茶学方面的老师，《茶经》当中的许多知识、观点、材料中有皎然的贡献。湖州长兴县甚至将皎然与陆羽共同祀奉为"茶道双圣"。

无论如何，皎然的《饮茶歌诮崔石使君》一诗不但首提"茶道"二字，诗歌本身对品茗艺术的理解也的确堪称一流。

这是他同友人，湖州刺史崔石，共品越州茶时的即兴之作。崔石约在贞元初任湖州刺史，故推断这首诗不早于785年。那时《茶经》已经问世且流行已久。

这首诗开头所描写的"剡溪茗""金鼎""素瓷"，以及"缥沫香"的茶汤，都说明了皎然对陆子煎茶法之熟悉，随后由煎茶进而品饮，由品饮发出感叹进入层层递进的精神境界，"一饮涤昏寐"，"再饮清我神"，"三饮便得道"，洞悉了茶道的"全尔真"。这三重境界的递进与提升，比卢仝文艺性十足的《七碗茶歌》还要快。但是皎然所谓的茶道究竟是什么？他另有一首《饮茶歌送郑容》：

丹丘羽人轻玉食，采茶饮之生羽翼。
名藏仙府世空知，骨化云宫人不识。
云山童子调金铛，楚人茶经虚得名。
霜天半夜芳草折，烂漫缃花啜又生。
赏君此茶祛我疾，使人胸中荡忧栗。

这首诗与前者正好相反：第一句就表达了对丹丘子不食人间烟火、饮茶羽化的赞叹，最后一句则落到"此茶祛我疾"和"胸中荡忧栗"的实际功用上。

皎然在诗中还调侃了陆羽"楚人茶经虚得名"。在他看来，自己为郑容送行而准备的茶如仙琼蕊浆，《茶经》中却没有记载。其实，《茶经》中没有记载的当时的名茶何止浙江嵊州剡溪茗茶，还有淮南道扬州蜀岗茶、山南道夔州茶岭茶、剑南道眉州南安茶、黔中道黔州黔阳茶、江南道江州庐山茶等。有学者认为，这正可说明陆羽的《茶经》完成于761年，完稿时他

天门青年陆羽像（黄邦雄作）

并未亲自到过那些茶区，而以后去了也并没有再补充于书中，所以并没有修改《茶经》，二次成书。

总之，皎然"楚人茶经虚得名"的语气更多的是出于与陆羽格外熟稔的亲昵调侃，而非严肃的批评。而皎然的茶道思想，其实是丹丘式的神仙思想，是一种基于佛道的空、虚的观念。皎然的茶道思想或许影响了陆羽，然而这种茶道与陆羽《茶经》中所反映的茶道在本质上是不同的。

那么，陆羽《茶经》中究竟反映了一种怎样的茶道思想？

唐朝是中国历史上最为灿烂夺目的一页，国力强盛，幅员辽阔，民族多元融合，文化开放包容，这一切都为中国茶道的创立创

第七章　陆子的茶道

造了良好的社会环境。唐代的税收（榷茶制度）、商贸和贡茶为中国茶道的创立提供了经济基础，唐宫茶风的形成则为中国茶道的创立提供了政治基础。经初唐百年的酝酿，至中唐初，茶文化已趋向繁荣，表现在茶的大量种植、茶叶贸易的发展、茶俗的形成，以及儒佛道三教文化对饮茶的影响。茶文化繁荣发展的态势召唤出陆羽成为集大成者。

《封氏闻见记·饮茶》一文就是封演对陆羽茶法、茶道的一次极富戏剧性的总结。第一段简述茶的作用，讲开元年间泰山灵岩寺禅茶对北方民间茶俗的影响，第二段讲茶道的内容及茶道大行的缘由，第三段讲御史大夫李季卿邀常伯熊和陆羽表演茶道的故事，第

泰山灵岩寺唐代般舟殿遗迹（蒋明超提供）

四段讲述几个与饮茶有关的古怪传说。此文诠释了陆羽煎茶法的内涵，回顾了唐代茶道大行的原因与过程，是唐代论述茶道的一篇经典之作。

其实陆羽的茶道，狭义地说是一种茶德，或者说是通过茶表达的一种伦理观念，被后世概括为"精行俭德"。

1774年，日本江户时代的大典禅师著《茶经详说》，首次引用陆羽《茶经·一之源》中的名句"茶之为用，味至寒，为饮最宜。精行俭德之人。若热渴、凝闷、脑疼、目涩、四肢烦、百节不舒，聊四五啜，与醍醐甘露抗衡也"，并指出"陆羽言茶性俭，不宜广，又曰茶宜精行俭德之人，这应该为茶道所重，宜归僧家风流之道"。这一俭德的风流之道，体现了作者提倡审慎与戒骄戒躁，用以对抗已经走向豪奢、浮华且出现负面影响的抹茶道，成为日后日本创立煎茶道的一个重要思想来源。

《茶经详说》书影　（梁旭璋　提供）

第七章　陆子的茶道

陆羽才华横溢，际遇不凡，博览群书，交游四海，他的朋友有官吏、士子、僧道、隐士，彼此品茶吟诗，相互唱和提携，进而形成了一种以儒释道三教文化为旨归的氛围。

除了《茶经》"一之源"中的"茶之为用，味至寒，为饮最宜。精行俭德之人"，"四之器"风炉上的铭文正是陆羽煎茶道的进一步表达。"二之具"与"三之造"体现的是民本，"四之器"与"五之煮"表达了文人理想的清饮审美。"七之事"记录了与茶有关的四十三个历史人物，除道家、僧人之外，更多的是帝王将相、文人，甚至平民。记录僧人三位，即武康小山寺和尚法瑶、敦煌僧人单道开、八公山和尚昙济。四次摘录了丹丘子的故事。从中也可以看出陆羽茶道思想的三教合流。

因《茶经》在大历之前就已在江浙地区广为流传，大历才子耿沣当面称陆羽"一生为墨客，几世作茶仙"。陆羽去世后，《因话录》称他"始创煎茶法"。《大唐传载》曰："陆鸿渐嗜茶，撰《茶经》三卷，行于代。常见鬻茶邸烧瓦瓷为其形貌，置于灶釜上左右，为茶神。"这便是唐人对陆羽《茶经》创始煎茶道地位的共识。

回到绪论中关于对《茶经》"三体"的认识，我们可沿着"具—器—道"的路径来分析，从物质文化研究入手，进而深入探究陆羽的精神世界。

形而上者谓之道，形而下者谓之器。戴元表作序版《天原发微》以"物"释"器"，言"物，器也，有道焉；物，气也，有理焉；物，形制也，有命焉，有性焉，有心焉"；"天道之与器也，天理之与气也，天命、天性、天心之与形质也未始相离"①。可知中国古代认为"器以寓道"（《四库全书总目提要》卷一百一十五子部二十五则）。"器"实为"引道者"。

今人对器道均存在严重的误解。以道言，由于古代道义之变迁以及今人受西方哲学影响以道为自然规律，使道为法之本义被误解。（汪晓云：《一"器"之下》，厦门大学出版社2015年版，第5页。）

也就是说，陆子煎茶法就是陆子煎茶道。

三、陆氏鼎铭解说

回到"四之器"中最为关键的陆氏鼎，这件器正是承载陆子煎茶道的核心所在。

如果说《陆文学自传》所列书目是陆羽入世的成绩单，那么风炉上的铭文则可视为他的而立宣言，可以解读青年陆羽的茶道观。事实上《茶经》中透露的茶道观是一种青春的茶道观，而非皎然的诗歌中追求佛道的隐逸的茶道观。

再看风炉的铭文，"坎上巽下离于中"，三个卦象演绎了风炉的原理。

坎　　　离　　　巽

---

① （宋）鲍云龙撰，（明）鲍宁辨正：《天原发微》，载《四库全书》（第806册），第5页。

坎："险陷也。处险者，能实心安于义命，而不萌徼幸，则中有定主，利害不惊……由是往以济险，必能静观时变。"

离："丽也。人臣丽君，将以行道尽其忠，必至正而道可行。"

巽："入也。……其象为风，亦取入义。天下事，惟大才力方能大有作为。巽阴柔为主，则力量才识皆不足以图大，故但可小亨；幸其以阴从阳，则才有所资，可以图大而利有所往也。"

简言之，坎指水，离指火，巽指风。

"坎上巽下离于中"，这三个卦又可组成易经六十四卦中的两个卦：

水火既济　　上坎下离

一、坎卦和离卦可组成既济卦。《周易》："彖曰：既济，亨，小者亨也。利贞，刚柔正而位当也。初吉，柔得中也。终止则乱，其道穷也。象曰：水在火上，既济；君子以思患而预防之。"如寓意茶炉，就是在火的上面放了个有水的釜。

火风鼎

二、巽卦和离卦可组成鼎卦。《周易》："彖曰：鼎，象也。以木巽火，亨饪也。圣人亨以享上帝，而大亨以养圣贤。巽而耳目聪明，柔进而上行，得中而应乎刚，是以元亨。象曰：木上有火，鼎；君子以正位凝命。"亨饪就是烹饪，古代鼎的用途就是作为烹饪之器，所以，必有火和水与之相遂。

简单来说，巽主风，离主火，坎主水，风能兴火，火能熟水，三卦相辅相成，圆机运行。但这只是表面的物象表达，其内在的思想则分别为"能实心安于义命"、"将以行道尽其忠"与"惟大才力方能大有作为"。可见青年陆羽负鼎以求的积极有为的茶道观。

风炉的第二条铭文是"体均五行去百疾"，阐述了自然元素与健康的关系。

中国古代的五行学说认为，世界上的一切事物都是由金、木、水、火、土五种基本物质之间的运动变化而生成的，它们在不断相生相克的运动之中维持着协调平衡。风炉因其以铜、铁铸成，所以得金；上面煮水，得水；中有木炭，得木；以木生火，得火；风炉内壁要涂以"圬墁"，得土。煎茶的过程，实际上就是金、木、水、火、土五行相生相克达到平衡，从而煮出有益于人体健康的茶汤的过程。

人体内五行均衡、五脏调和，可以让人百病不生、健康长寿。所以《茶经·一之源》中就说："若热渴、凝闷、脑疼、目涩、四肢烦、百节不舒，聊四五啜，与醍醐甘露抗衡也。"醍醐、甘露都是佛教当中具有象征性的神圣饮品。

第三条铭文中的"圣唐灭胡明年铸"，标明了风炉的铸造时间与意义。

"圣唐灭胡"指的是757年，唐王朝消灭安禄山父子，收复两京，即当年九月收复长安，十月收复洛阳。因此"圣唐灭胡明年铸"的时间就是乾元元年，即758年。这一铭文既阐明了陆羽铸造风炉的时间，又提供了完成《茶经》上限年份信息。更重要的，它是陆羽忠君爱国政治立场与忧国爱民思想的体现。

在风炉上铸造铭文，是为了"铭功记绩"，让君王知道，流芳百世既是为自己，也是为国家。

陆羽眼看苍生饱受安史之乱的苦难，曾作《四悲诗》。当他看到乱臣被灭、京都收复时，喜形于色，溢于言表。"圣唐灭胡"四个字与杜甫"剑外忽传收蓟北，初闻涕泪满衣裳"所体现的是同一种情感，是"位卑未敢忘忧国"的士人精神。或许同为楚人的屈原也对陆羽的思想产生了影响。

陆羽希望国家安定、反对动乱、渴望和平，他的这种精神在他的自传中表达得更加清晰。他在《茶经》完成后不久，即与元结撰《中兴颂》。同时，陆羽写有一篇向吴越人士介绍自己的荐文，被后人题为《陆文学自传》。传文有曰："自禄山乱中原，为《四悲诗》，刘展窥江淮，作《天之未明赋》，皆见感激当时，行哭涕泗。"面对祖国山河破碎、人民流离失所，陆羽悲愤地写下《四悲诗》：

> 欲悲天失纲，胡尘蔽上苍；
> 欲悲地失常，烽烟纵虎狼；
> 欲悲民失所，被驱若犬羊；
> 悲盈五湖山失色，梦魂和泪绕西江。

"处江湖之远则忧其君"，陆羽将李氏王朝的恢复事件记录在特别的鼎上，鼎铭存史，宣示了自己对朝廷的忠诚和反对叛乱的立场，既体现了风炉的"鼎立"价值，也充分表达了他关心国家大事与热爱"圣唐"的情感。

风炉腰部的六个篆字铭文"伊公羹陆氏茶"则彰显了青年陆羽对自身的定位。

"伊公"的盛名前文已有介绍，其有关饮食与国家天下的理论深深影响了陆羽。陆羽负鼎煮茶，遂饱含深意。伊尹与陆羽有着一样孤寂的身世，他也是一出生就是孤儿，同样是在水边被人抱来养大，水叫伊水，所以取姓为伊。伊尹除了是天字第一号辅佐天子开创天下的人物以及厨师的祖师爷之外，在另一个谱系里，他还成为隐士的秘密源头。这一切都暗合了陆羽的精神追求。

风炉上铸出"伊公羹"与"陆氏茶"，是陆羽对他的偶像伊尹的致敬，也是一种指向朝廷和君王的自信表达。

治理天下，首先要过饮食关，"仓廪实而知礼节，衣食足而知荣辱"。饮食二字，饮在食前，所以陆羽在《茶经·六之饮》开篇就说："翼而飞，毛而走，呿而言，此三者俱生于天地间。饮啄以活，饮之时义远矣哉。"天地间的生命靠饮食维持，饮食的意义是多么深远！究竟有多深远？陆羽开创了一整套饮食理论来说茶。

联系陆羽自己占卜取名的行为，从知识层面上看，少年陆羽涉猎经典甚多，青年陆羽深谙五行学说。《周易》对其世界观的影响十分明显，他融易学思想于茶学之中，从而创立了陆羽煎茶法。

陆羽刻意将自己用的风炉打造成茶鼎，就是为了模仿先贤，表明自己有"经纶调燮"之能。伊尹借羹说味，阐发治国平天下的道理，陆羽则以茶论道，通过著《茶经》来阐发修身养性、治国安邦的志向。可见，陆羽志存高远，并非安于山野，不欲仕途。

而他去世后之所以被定位成隐逸派的代表人物，则缘于其日后的人生际遇与思想转型。

他著《茶经》前后的一个时期，其他著作丰富，如《君臣契》《源解》《江表四姓谱》《南北人物志》《吴兴历官记》《湖州刺史记》等，思想多积极入世，尽显才华。他自嘲"有仲宣、孟阳之貌陋，相如、子云之口吃"，可这些人皆为封侯赐爵的风流才俊。

陆氏茶就是陆子煎茶法，年轻的陆羽的确做到了将其流行于天下，以至于耿沛当面作诗称赞四十岁的陆羽为茶仙。然而年轻的陆羽最终却并未因《茶经》与陆氏鼎进入国家权力的殿堂。

《四悲诗》与《六羡歌》实在是陆羽一生的思想在青年与晚年的一组对照，甚至反映出了中华民族传统知识分子某种共通的心路历程。

"一生为墨客，几世作茶仙"，"喜是攀阑者，惭非负鼎贤"。虽然陆羽终究没能进入庙堂，没有成为鼎臣，但茶鼎铭文、《陆文学自传》与陆子煎茶法，都是陆羽的青春宣言，家国大梦，都融煮于茶汤隽永之中，耐人回味。

杭州晚年陆羽烹茶像（王旭烽、潘城设计）

天门佛子山茶园，即史籍记载的火门山陆羽读书处

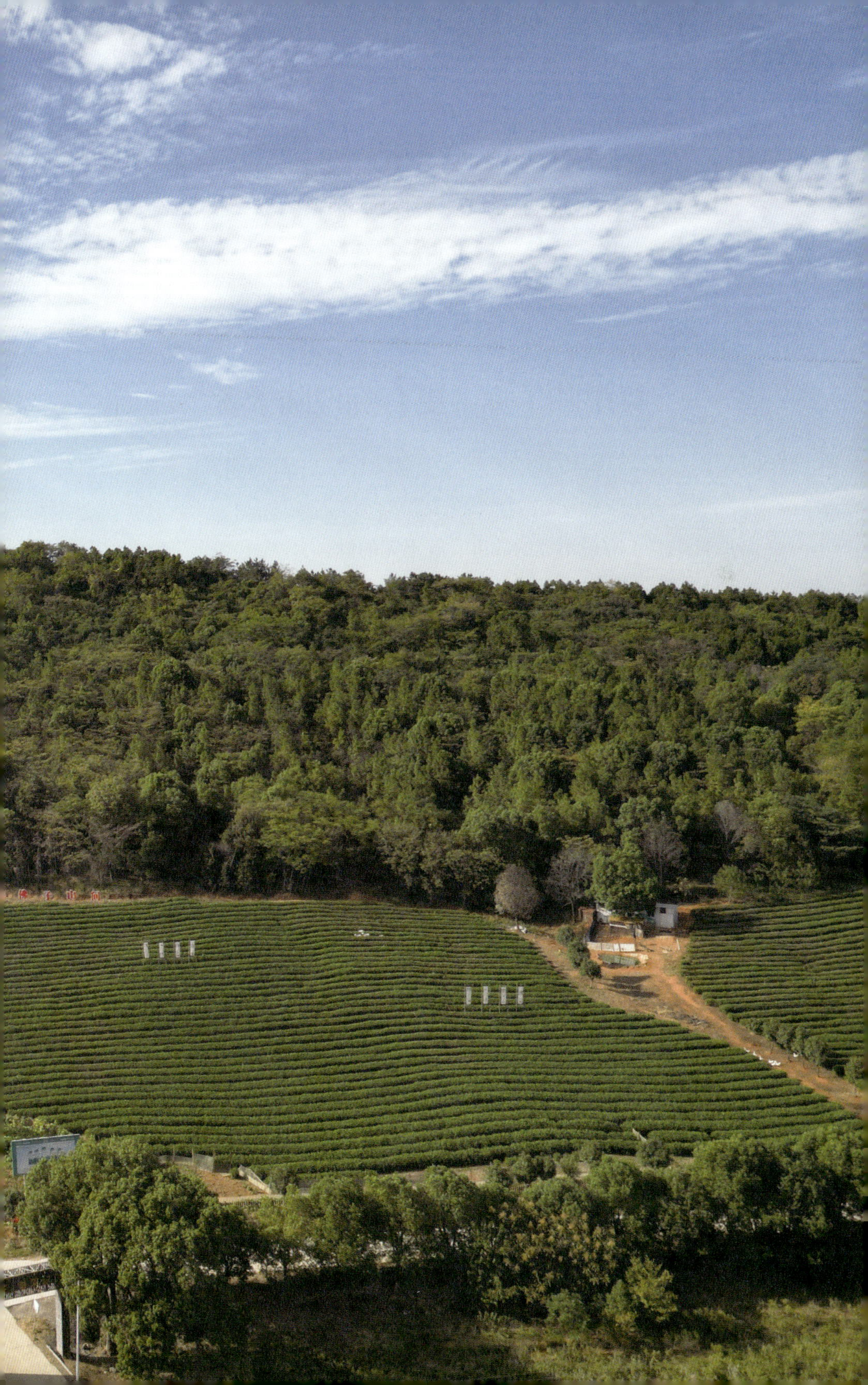

后记

莫说陆子痴，更有痴似陆子者

陆羽身上有说不完的故事、解不完的谜。

陆子是一位痴绝之人。所谓痴，是一种理想主义。茶其实只是陆子理想的一个部分，就像多棱镜的一个面，然而历史偏就选择了他的这一个面流传下来。

因为理想，可以狂妄，"我本楚狂人"嘛！因为理想，也可以偏执，其实《茶经》当中有许多偏执的表达，那是一个年轻人的表达，但人类的所有"看见"不都是由各种偏见汇聚而成的吗？

十多年前我执导了一部大学生话剧《六羡歌》，将陆羽的一生搬上舞台，前后为这台戏忙碌了两三年，换了三批演员，因为他们陆续都要毕业。每一位扮演陆羽的演员表演在山林中"击树号哭"那场戏的时候，开始时只是做号哭状，但是演到最后一幕时，一定会泪流满面。

他们都是二十岁出头的大学生，即使我虚长几岁，也一样很难体会到一个苍老隐者的悲凉心境，也就是那首《六羡歌》的心境。但人在二十多岁时的那种孤独感，其实与真实的陆羽青年时可能是一样的！

后 记

一个孤儿，从一座小寺院中出走，一直与命运抗争。我们从历史记录的只言片语中看到陆羽的际遇，他遇到智积禅师、李齐物、崔国辅、皎然、颜真卿、李季兰……这些都是美好、温暖且有力的邂逅，不断改变着他的命运。

然而，一个孤儿一路走来的痛苦、隐忍、敏感与脆弱是无法被详细记录下来的，即使如此，史书上还是记录了陆羽遇到李季卿，受到侮辱，愤而写下《毁茶论》。

陆羽渴望成功的希望或许要比常人强烈得多，因此，他的幻灭感也同样会成倍地折磨着他。特别是那语焉不详的晚年所经受的苍凉，有谁能知？

天门的童正祥先生甚至告诉我，根据他的考证，陆羽人生的最后十年回到了他在竟陵的出生地，回到了西塔寺，隐居在桑苎楼。那些年轻时在江南茶酒诗年华中结交的朋友都不可能再见，他就过着一个老僧般的生活，甚至还被风湿病折磨。

在现实事功的成就上，对照陆氏鼎铭文中"圣唐灭胡""伊公羹，陆氏茶"的青春宣言，陆羽无疑是失败的。但就是这样一个赤诚而又复杂的人，度过了漫长的一生，却最终为我们这个民族留下一种独特的人格类型。我认为那是一种与陶渊明截然不同的隐逸风格——痛苦的隐士。

所以，每当话剧《六羡歌》尾声的音乐响起的时候，我都会激动得哽咽，虽然从第一场排练到最后一次谢幕，我是看过次数最多的。或许那几年我也是凝视陆鸿渐最多的那个人。

也是十多年前，我在湖州长兴参加学术研讨会，一次吃早餐的时候听到湖州的茶人大茶与王旭烽老师在聊陆羽的话题。大茶竟然

201

说，他一直想重新走一走陆羽从湖北天门出发，最后到湖州杼山的旅程。他认为陆羽这个孤儿是一个一直在叩问自己"我是谁"的人，他为什么最后定居湖州？他寻找好茶的过程会不会是想解开自己身世之谜的过程？大茶怀疑陆羽很可能就是湖州人——看，这又是一位痴人。

虽然在学术上我们可以提出一百个理由予以反对，至少无法证实，但是我依然被大茶的这个念头打动，因为在一千多年后，还有人在关心这个孤儿，希望他能找到回家的路。

后来我对湖州杼山的陆羽墓进行田野调查时，就是这位大茶兄陪我的。他要我一定去采访一个叫徐根法的人。

20世纪80年代，日本茶道界的人几次来湖州寻访杼山，最后终于搞明白这座并不大的山究竟在哪里。于是，几位热心于地方文化的村民开始自发地查找资料，想弄清本地的历史。其中起到骨干作用的一员名叫徐根法，当时他只有三十多岁，在镇上开着一家加工粮食的作坊，发现并建设家乡杼山从此成为他一生的精神追求。

经过这些人的努力，1990年杼山的地名被重新恢复。徐根法开始研究陆羽、颜真卿、皎然……并决心募集资金，将三癸亭、陆羽墓、皎然塔等逐步恢复起来。

我见到老徐的时候，那些20世纪90年代有过的辉煌，早已变得陈旧，因为当地政府后来在一个更开阔的地方发展旅游项目，修建了一座更气派的陆羽墓。为此，老徐那代人年轻时的努力，几乎就被定格在了90年代。

但只要谈起为陆羽所做的一切，徐根法的一口湖州话就声若洪钟，聊到激动处，他的眼里闪着泪光。他带我到他家里二楼，竟然

后 记

有一个他自己的展览室,曾经的那些照片、简报、杂志、会议记录被整齐排列,小展柜里一尘不染,那些说明文字都是由他用钢笔手写,然后裁成纸条放上去的。

大茶又带我在杼山一处不起眼的角落里看一块水泥碑,那是20世纪90年代,为了建三癸亭而立的一块捐款人名碑。水泥碑面灰蒙蒙的,已经破旧开裂,我看着上面那些稚拙的字迹,一个名字一个名字地看了很久。我甚至在自己的论文中不厌其烦地将这块水泥碑上的人名一一抄录并制成表格:当时的妙西村共有村民700多人,几乎每家都自愿捐款,从100元到1000元不等,单位捐款则从100元到2000元不等,包括当地全部的事业单位与工矿企业,捐款数额各凭经济能力。发起单位是"妙西乡文化中心",这其实是一个民众自发的文化组织。最后共募得捐款35500元,当年这个金额在湖州可以购买一套商品房。

20世纪90年代初是商品经济大潮迅猛发展、席卷人心的时期,而那次捐款却没有任何商业目的。在还没有观光资源化、非遗推广活动、乡村振兴战略等政策推动时,这一切都出于一种质朴的乡土中国的文化自觉。

徐根法告诉我,1993年11月18日三癸亭落成一周年,大家约定将这一天作为杼山当地纪念陆羽的节日,而那天竟然与774年颜真卿等人为陆羽落成三癸亭那天一样,也是癸年癸月癸日"三癸",当中隔了1219年。温暖吗?乡民们还是想为陆羽这个漂泊异乡的孤儿建一处栖身之所。

一群痴人!

那次离开湖州前,大茶送了我一个他自己定制的高丽青瓷小茶盏，上面手工刻着两个字"茗艼"，那是他从古书中翻到的，意思就是"茶醉"。

我第一次到陆羽的故乡湖北天门也是十多年前的往事了。天门古称竟陵，就是《六羡歌》中"千羡万羡西江水，曾向竟陵城下来"的竟陵。

因为参加纪念陆羽的盛大活动，忙忙碌碌，行色匆匆，我并未来得及与天门的茶人做深入的交往，反而觉得与陆羽隔得很远。我抓紧时间，一个人跑去看真正重要的古迹陆文学泉，那里寂寂无人。其实不远处，隔条街就是活动现场，巍峨的茶经楼前彩旗招展，游人如织，热闹非凡。但是谁也没来看看陆文学泉，真应了那两句诗："草堂荒产蛤，茶井冷生鱼。"

历来有多少人为陆子造势、造神，推崇备至，吃陆羽赏的这碗饭。但真为陆子痴，或说存续着陆子那份痴的，又有几人？

第二次去茶圣故里是受了天门市陆羽研究会之邀，我提交了一篇关于《茶经》在日本的版本问题的文章。辗转来约我撰文的还是湖州长兴的茶人张文华大姐，后来我才知道，一直致力于恢复唐代煎茶法和蒸青饼茶制作的张文华与天门茶人张芬是"闺蜜"，她们做着同样的事。

天门、湖州是陆羽人生中最重要的两个地方，这两地的茶人在共同复兴陆羽茶文化之时不是以竞争的姿态，而是因为有着共同的追求，成为互相支持、无话不谈的挚友。这在业内堪称佳话。

天门的茶友们都管张芬叫"芬姐"。芬姐为人快人快语、雷厉风行，她让我想到风炉。芬姐复兴陆羽文化的劲头，风风火火，谁见了都不能不服。她种茶、制茶，钻研唐代蒸青饼茶的制作与品饮，

后 记

从而成为"陆子煎茶法"的非遗传承人。她还把丈夫、子女、父母、兄弟、朋友，一股脑儿都发动起来。

在天门市陆羽研究会上下的共同努力下，《茶经》中的十八件制茶工具与二十四件煎茶器被一一复原。复兴"陆子煎茶法"是一个系统工程，凝结着许多人的智慧、经验和实践，研究会的老会长肖孔斌一直对此给予莫大的关心和支持，还有童正祥的理论积淀、周世平的反复琢磨与实践，都是复原取得成功的重要原因。

2024年5月17日，天门在举办国际茶日的纪念活动的当天正式向全球发布陆子煎茶法的"二十四器"，由我来作学术解读。活动前夜，张芬全家忙了个通宵，而我半夜胃痛难忍，他们来酒店给我送药，外加一件白衬衫。说是天门市委办公室临时通知，第二天天门市委书记、市长会出席活动启动仪式，上台嘉宾要统一着装，白衬衫黑西裤。当天早上我又把张芬丈夫的裤子、皮带换上，连他的皮鞋也临时脱给我穿。《封氏闻见记》中写陆羽去见御史大夫时，"身衣野服"，不似常伯熊"著黄被衫、戴乌纱帽"，不禁令人莞尔。我并非自比陆子，只是想说，每次做一场优雅、体面的茶事活动，背后都会有很多人在台下付出旁人根本想象不到的心血。

芬姐竟然还在历史上陆羽读书处的火门山，现在被叫作佛子山的地方，种了一大片茶树。那里可是江汉平原啊！向来被公认为是不产茶叶的地区。

我去她的茶园考察，并且拽着树枝爬到山顶，终于明白了唐代的天门为什么叫竟陵：竟陵就是尽陵，山峦到这里就尽了，放眼望去是一马平川的江汉平原。

茶圣的绝学——陆子煎茶法

芬姐又带我去寻访附近山坳中的陆子读书处。那是我们这些茶文化研究者耳熟能详的地名。在火门山邹夫子的学堂里,陆羽进行了系统的学习,是他人生中最为关键的转折。其实,陆羽的生和死都是谜,出生地不确定,墓葬也不确定,唯有他的读书地火门山是可以确定的。

这座唐代的火门山因后人避火,改叫天门山,竟陵也因此成了如今的天门。或许是出于纪念邹夫子之故,此山也叫夫子山,或许因读音相似又逐渐演变成了如今的佛子山。

我走进供奉陆羽坐像的一间屋子上香祭拜,看到那尊陆羽塑像憨憨的,显然出自某个业余选手。但不管怎样,当年塑这尊像的人,或许也是一个痴人。

这个痴人名叫万仁林,大家都叫他万伯。我没见过他。

就在那尊雕像所在房间的外面,有一块暂时还没有被风化的喷绘塑料布,上面写了一大篇文字,我读了一遍。

原来眼前的房舍、井亭都是20世纪90年代,由天门县拨款修建的。我想起湖州杼山的努力。彼时,湖北天门与湖州两地虽相隔甚远,那个年代两地纷纷进行陆羽遗迹建设,也算是一种遥相呼应。

1997年,佛子山乡政府准备开发陆羽泉景点,决定从佛子山林场挑选一名得力的共产党员主持开发,于是已近退休的万伯从此进山驻守。万伯携妻挈子,在荆棘丛生的山里安营扎寨,拓荒建庙,在这里为陆羽坚守了24年。

但是陆子读书处却渐渐没落下来,显然是没什么游客香火,也没有维修经费。于是,24年来,万伯将个人全部积蓄都用在兴建和维护这个地方上。

芬姐回忆，万伯曾说他这样做"为的就是传承陆羽老祖宗的脉气……陆羽天资聪慧，12岁随戏班做传人，得到了唐代竟陵太守李齐物的赏识，写信举荐他到火门山邹夫子学馆读书……少年陆羽聪明伶俐，勤奋好学，在读书之余，经常为邹夫子采茶煮茶，深得夫子喜爱。五年的读书生涯，为他的将来打下了基础。随着历史风云变迁，邹夫子学堂已不复存在，但在陆羽泉附近，至今还留有陆子学业残碑……直到20世纪80年代，陆羽泉仍有5寸宽的水带常年流出，后来由于炸石开山，泉水渐渐绝流，万伯再次凿石掘井，才保住了这口泉……2006年4月，20位来自日本的茶道友人，在北京3位茶学教授的带领下，来到陆羽泉寻访，此后又有一批日本茶人来此寻访，并将泉水带回两瓶作纪念……山上虽然艰苦，可我住在这里什么都不怕。我一辈子奉行茶圣的精行俭德精神……这里环境幽静，空气清新，有鸟儿歌唱，陆子保佑，我守在这里开荒种地，粗茶淡饭，已与这里结下了不解之缘，离不开了。我最大的心愿，是陆羽泉景点得到开发，陆子书堂遗址得到恢复重建，让更多的人来此拜谒茶圣……"。

我们因为没能在里间找到点香的打火机，想去向旁边住着的人借。边厢房低矮破旧，我朝里面望去，大概是这位万伯曾经住的地方，有几只芦花鸡兀自走动。不一会儿边上出现一个人，像一个拾荒者，在挑水浇灌一片菜地。

我上前打招呼，那人说的话我一个字也听不懂。芬姐很勉强地与之沟通了一阵儿才弄明白，这个人竟然不知道自己叫什么名字，只记得自己是从河南洛阳流浪到此，快十年了。当年是万伯收留了他，去年万伯身体不行了，被家人接下山。从此只剩下他一个人住着。自己种菜、养鸡，靠与周边的村民交换一些食物勉强度日。

隔着一千多年，这里只剩下一个连姓名都遗忘了的孤儿，守着另一个孤儿。

走之前我问他，可否为他在陆羽读书处拍张照。他还是不太明白，没什么反应，呆呆地站着，我就拍了一张。尽管满脸沟壑，眼角耷拉下来，但是我能感受到他有种善意。这个地方虽然破败，却让人平静。

芬姐很快联系了当地民政部门，为他落实了低保和救助，并且帮他找到了失散的家人，把他送回了老家。

其实，作为痴人，大多是陶醉的、快乐的，就像生活在苏州的天门人郭明雄。

同道中人往往不期而遇。对于陆子，郭兄亦是一位痴人。他捡到一块太湖石，觉得很像天门的陆羽小像，供在家里天天拜。为了《茶经》中风炉内部的"墆㙖"究竟为何物，他有着不同于历史上所有学者的看法，与芬姐在饭桌上争得面红耳赤。

又不需要评职称，研究那玩意儿干吗？就是痴，不为别的什么。

他干脆自己设计图纸，用3D打印制作出一个自己认为的实物形态给芬姐寄到天门，与之一决高下。他还陪我们游苏州，访虎丘的陆羽煮茶泉，赠《陆子煎茶图》拓片，并题扇《茶经》送我。郭兄精园林、善笔墨、通诗文、痴茶经，我读过他一篇小品文，颇有晚明气韵。他在送我的拓片四边上以歌行体诗跋，将我们三人相识并共同考察苏州陆羽茶文化的经过道尽：

后 记

我本不识君，识君缘张芬。
张芬何许人？陆羽是前身。
我号竟陵客，自吴返故城。
偶然思圣贤，偕友访火门。
山畔有茶园，主人乃张芬。
酒酣论茶经，许为同道人。
别后归吴郡，谈兴犹未尽。
跋写品泉图，千里寄相赠。
张芬启封时，座上藏真人。
其人有卓识，点评入木深。
惊问何方神？知君名潘城。
陆羽崇祭日，张芬招晤君。
是夜吾大醉，醉里加微信。
执手放醉语，许赠拓一帧。
翌晨醒致歉，相邀聚吴郡。
吴郡有虎丘，中有陆羽井。
端午果相集，二张与潘君。
往还频相论，潘君真才俊。
捷言吐珠玑，学养博且深。
率尔兑前诺，跋此数语呈。
潘君展读毕，定当哂失声。

时在甲辰端午节后二日，追忆相识始末，韵以歌之。陆羽同乡竟陵散客明雄于吴郡三乐堂南窗。

郭明雄的痴是继承着宋明文人的癖，"人无癖，不可交"，诚不我欺，但多少带有些浪漫主义色彩。而张芬的痴则近乎偏执的理想主义精神，这个精神源头的确是楚人陆羽。但这种精神的存续并非陆羽穿越时空而来，而更多的是对前辈精神的继承，因为在天门还有为之付出一生、付出一切的更痴狂的痴人——童正祥。

芬姐再次十万火急地把我喊去天门，是因为童正祥先生处于癌症晚期，病情恶化。我赶去做了两天的口述史采集，当地电视台还派了一名摄像师用一台旧摄像机跟着录了像。

芬姐告诉我，老童就是硬撑，有时候深夜不睡觉，还在电脑前打字，就怕有些想法来不及写出来，每次回到家都虚弱地躺倒，连口水也不想喝。他好几次想放弃治疗，之所以一直扛着，就是想把陆羽研究资料多做一点整理。

对这样的老茶人做抢救性采访，我不是第一次。所以一到天门我就提出去老童家里看看，这是理所应当的嘛！

芬姐却悄悄告诉我，她跟童伯认识这么多年了，相处得如父女一样，他都没有邀请她去过家里，还是去陆子茶道院做访谈吧。

老童的手和脸都明显浮肿了，但是他看到我时还有精神讲，滔滔不绝地把他对陆羽的研究细节讲给我听，把他早年与台湾学者的通信给我看，带我到茶经楼、茶和天下邮局等几处他倾注过心血的地方走走……我们甚至就坐在他家边上一所中医院的长廊里谈话，他就谈《茶经》成书的时间比公认的早，陆羽不到三十岁就写成了，之后也没有再修改；谈周愿的《三感说》非常重要，陆羽后来到广东做李复的幕僚，李复死后，陆羽从此回归竟陵，隐居十年，死在出生的地方，隐士身份缘此而得；谈唯一存世的陆羽石刻小像的来龙去脉，脸是青年陆羽的脸，文士的衣冠来自孟浩然像，历史上三公祠内的陆羽像穿着僧服……

他谈这些的时候，好像其实没有生什么病，面庞上泛着光泽。但是我们坐的那个长廊里，到处是坐着轮椅的老年病人，偶尔有几个中年人低头刷抖音，没有人听得懂他在说什么。这个场景让我恍然大悟，其实一个痴人，可能一辈子"自以为是"的最重要的那件事、那个理想，在他生活的那个城市里，在周遭的环境中，不过就是这样一种处境。

老童关于陆羽的许多"大胆假设"，虽然一定会遭到许多同行的质疑，并且在许多高等学府的大学者眼中这些都是充满乡土气息的地方性材料，但是就像当年湖州大茶的假设一样，深深地打动着我。他是怎么做到终生都对陆羽保持一种探索和言说的激情的？

更令我佩服的是，在天门大概也只有老童会告诉我这样一个陆羽研究的谱系：竟陵版本的《茶经》是古代《茶经》版本中最为重要的一种；20世纪40年代，天门人黎际明在《大刚报》上首次发表了《白话茶经》；已故的欧阳勋先生等人发起创立天门陆羽研究会；然后就是童正祥、鲁鸣皋、周世平、张芬……一座城市，一千多年，再怎么沧海桑田，总还是潜伏着一条文脉的。

我想到萧乾的一句话："心中有盏良知的明灯，时明时暗，但从未熄灭。"就是这种感觉，与其说是文化的延续，不如说是人文的延续。文化其实也没什么了不起的，但是人文，里头包含着良知，比如对于茶圣陆羽的认识，远远大于研究的是情感、是良知。

老童知道我的诉求。我在天门的最后一天，他突然说："你们来我家坐坐吧，很乱，别见笑。"

他领着我们走进了一幢建于20世纪80年代的筒子楼，像非常老旧的水泥壳子。我与芬姐面面相觑，我知道她肯定比我惊讶得多，这么多年了，这位总是穿着一丝不苟、器宇轩昂、相貌堂堂的童伯，竟然如此清贫。他的家里除了一地的陆羽研究资料和四尊造型各异的青年陆羽雕塑小样之外，几乎别无长物。我们甚至都没能找个座位坐下来。

当时我已经比较充分地了解了童正祥的一生，从某种意义上说，他让自己活成了陆羽。他对陆羽人生的认识，也许更多的是基于一种共情。

就在我写下这篇文章的时候，童伯正躺在武汉一家医院的病床上，"甃石封苔百尺深，试茶尝味少知音。唯余半夜泉中月，留得先生一片心"。

这份痴绝的力量究竟源自何处？正是出于这样的叩问，我写下这部书稿。这篇后记未免太过冗长，写时却不由自主。

莫说陆子痴，更有痴似陆子者。

潘　城

2024年10月3日夜　初稿

11月25日夜　完稿

于厦门大学白城居

参考文献

（按姓氏音序排列）

［日］布目潮沨：《茶经详解》，东京：淡交社，2001年。

［日］布目潮沨：《绿芽十片——从历史看中国的吃茶文化》，东京：岩波书店，1989年。

陈文华：《中国茶文化学》，北京：中国农业出版社，2006年。

程启坤：《陆羽〈茶经〉简明读本》，北京：中国农业出版社，2017年。

封演：《封氏见闻记校注》，北京：中华书局，2016年。

关剑平：《陆羽的身份认同——隐逸》，《中国农史》，2014年第3期。

关剑平、中村修也：《陆羽〈茶经〉研究》，北京：中国农业出版社，2014年。

郭孟良：《中国茶史》，太原：山西古籍出版社，2000年。

胡山源：《古今茶事》，上海：上海书店，1985年。

李斌城：《唐代茶史》，西安：陕西师范大学出版社，2012年。

李广德：《湖州茶文化》，北京：中国文史出版社，2013年。

李肇：《唐国史补校注》，聂清风校注，北京：中华书局，2021年。

林瑞萱:《陆羽茶经的茶道美学》,《农业考古》,2005年第2期。

刘枫:《历代茶诗选注》,北京:中央文献出版社,2009年。

刘宏伟、稽发根:《杼山集》,北京:团结出版社,2020年。

潘城:《浙江的名茶与茶人》,《生态文明世界》,2016年第2期。

潘城、姚国坤:《一千零一叶——故事里的茶文化》,上海:上海文化出版社,2016年。

彭定求等:《全唐诗》,北京:中华书局,2018年。

沈冬梅:《茶经校注》,北京:中国农业出版社,2007年。

宋祁、欧阳修等:《新唐书·隐逸传》,北京:中华书局,1975年。

唐重兴:《顾渚山的唐贡茶俗及其沿袭》,《陆羽茶文化研究》,2005年,总第15期。

王旭烽:《品饮中国——茶文化通论》,杭州:浙江大学出版社,2020年。

[美]威廉·乌克斯:《茶叶全书》,北京:东方出版社,2011年。

吴觉农:《茶经述评》,北京:中国农业出版社,2005年。

夏涛:《中华茶史》,合肥:安徽教育出版社,2008年。

姚国坤:《陆羽其人、其事与其绩》,《陆羽〈茶经〉研究》,北京:中国农业出版社,2014年。

姚国坤:《中国茶文化学》,北京:中国农业出版社,2019年。

[日]岩本通弥:《围绕民间信仰的文化遗产化的悖论——以日本的事例为中心》,吕珍珍译,《文化遗产》2010年第2期。

余悦:《唐代陆羽〈茶经〉的经典化历程——以学术传播和接受为视野》,《陆羽〈茶经〉研究》,北京:中国农业出版社,2014年。

周星:《民俗学的历史、理论与方法》,北京:商务印书馆,

2008 年。

周星、王霄冰：《现代民俗学的视野与方向》，北京：商务印书馆，2018 年。

［日］中村羊一郎：《陆羽茶经所见地方上的茶与现代东亚的茶叶生产》，《陆羽〈茶经〉研究》，北京：中国农业出版社，2014 年。

朱自振、沈冬梅：《中国古代茶书集成》，上海：上海文化出版社，2010 年。

朱自振、郑培凯：《中国历代茶书汇编》，香港：商务印书馆，2007 年。

庄晚芳：《中国茶史散论》，北京：科学出版社，1988 年。

陸羽泉

春茗雲中碧寒泉石上青
偕眠山寺揭蹂雨著茶佐

茉山陳樺寫

陆羽泉拓片及题跋

陆羽泉在今虎丘山风景名胜区剑池西南刘博陆羽品为第三泉此图为明万历吴郡陈某山摹所作

我本不识张，识君缘张荈。荈为何许人，陆羽是前身。我昔见陆客，竟陵返故城。偶然思云际伯，访友门山畔。有茶园主人，乃张茶酒。酬论茶门道人，同往许为别。馥馥吴郡谈。

真以歇之陆羽同乡竟陵散客眺雄代吴郡三梁堂南胜

图书在版编目（CIP）数据

茶圣的绝学：陆子煎茶法 / 潘城，张芬编著 . -- 北京：东方出版社，2025. 5.
ISBN 978-7-5207-4449-2

Ⅰ . TS971.21

中国国家版本馆 CIP 数据核字第 20254H2125 号

茶圣的绝学：陆子煎茶法
（CHASHENG DE JUEXUE: LUZI JIANCHAFA）

编　　著：	潘　城　张　芬
责任编辑：	朱　然
出　　版：	东方出版社
发　　行：	人民东方出版传媒有限公司
地　　址：	北京市东城区朝阳门内大街 166 号
邮　　编：	100010
印　　刷：	鸿博昊天科技有限公司
版　　次：	2025 年 5 月第 1 版
印　　次：	2025 年 5 月第 1 次印刷
开　　本：	710 毫米 ×1000 毫米　1/16
印　　张：	14.5
字　　数：	180 千字
书　　号：	ISBN 978-7-5207-4449-2
定　　价：	88.00 元

发行电话：（010）85924663　　85924644　　85924641

版权所有，违者必究
如有印装质量问题，我社负责调换，请拨打电话：（010）85924602　85924603